IT×仕事術

IT×Work Hacks

Excel自動化 最強時短仕事術

著 守屋恵一
技術監修 立山秀利

技術評論社

本書をお読みになる前に

●本書はMicrosoft 365に含まれるExcelとWindows 10(October 2020 Update)で誌面作成をしています。ほかのエディションでは操作が異なったり、機能そのものがない場合もあります。あらかじめご了承ください。

●本書に記載された内容は、情報の提供だけを目的としています。したがって、本書を用いた運用は、必ずお客様自身の責任と判断によって行ってください。これらの情報の運用の結果について、技術評論社および著者はいかなる責任も負いません。

●本書記載の情報は、2021年1月現在のものを掲載していますので、ご利用時には、変更されている場合もあります。

●本書のソフトウェアに関する記述は、特に断りのないかぎり、2021年1月現在での最新バージョンをもとにしています。ソフトウェアはバージョンアップされる場合があり、本書での説明とは機能内容や画面図などが異なってしまうこともあり得ます。本書ご購入の前に、必ずバージョン番号をご確認ください。

以上の注意事項をご承諾いただいた上で、本書をご利用願います。これらの注意事項をお読みいただかずに、お問い合わせいただいても、技術評論社および著者は対処しかねます。あらかじめ、ご承知おきください。

はじめに

本書はマクロを使って、Excel仕事を効率化するためのテクニックを解説した本です。マクロをまだ使ったことがない人や、「使ってみたが、よくわからなかった」という初心者のために、なるべく基本的なところから記述しています。

Excel仕事の効率化と聞けば、まずはショートカットキーのことを思い出す人が多いでしょう。ショートカットキーを使えば、マウスやキーボードからの操作を短時間で行うことができます。しかし、**操作回数を減らすことはできないため、ショートカットキーだけに頼る時短には限界があります**。

たとえば、100行のデータを含む表で、1行おきに空行を追加したいときはどうすればいいでしょうか。Shift＋Spaceで行選択して、Ctrl＋Shift＋－で挿入すれば空行を追加できます。知らない人はこれを知るだけで満足してしまいがちですが、データが100行ではなく、1万行あればどうでしょうか。おそらく、数時間はかかるでしょう。詳細は省きますが、作業列を追加して並べ替えを使えば、もっと楽にできます。ただ、これも並べ替えの準備をするまでが結構面倒です。

タイピングをいくら練習したからといって、全員がタイピング大会の出場者並みのスピードは得られるわけではありません。同様に、ショートカットキーをたくさん覚えて高速にキー操作するのが苦手な人もいるでしょう。たまにしか使わないショートカットキーを何度も復習して身につけるのに時間を割くくらいなら、Excel仕事全体の最適化や本書で学ぶマクロの技術を身につけたほうが時短につながります。

Excelのマクロとは何か

そこで試してみたいのがマクロです。**マクロとは、複数の処理をまとめて実行したり、処理を一定回数反復して実行したり、条件によって実行する処理を変更したりする仕組み**のことです。Excelのマクロは、VBA

(Visual Basic for Applications) というプログラミング言語によって記述されており、Excel上で動作して主にExcelのワークシート上のデータを処理します。

マクロを使えば、前述した空行の追加も簡単にできます。数行の簡単なコード(プログラミングにおける命令など) を書けば、見落としなく数えて数値として取り出せます。**特に便利なのは、大量のデータに対して一定のルールに基づいた処理を実行するときです。手作業で実行するのとは比較にならない速度で、処理が完了します**。

また、Excelのマクロには「マクロの記録」機能が用意されており、実行した内容を記録してマクロに変換することが可能です。反復したり条件によって処理内容を変更したりはできませんが、複数の操作をまとめて実行することはできます。どうしてもコードに馴染めなければ、まずは「マクロの記録」機能から始める手もあります。

Excelのマクロは、プログラミング学習を始めたい人にとっても便利です。プログラミングを学ぶとき、コードを書くための環境を整えるところでつまずくことがあります。これに対し、**Excelのマクロは、コードを書くための環境がExcelに含まれているため、Excelがインストールされたパソコン以外は何も必要ありません**。しかも、作ったマクロを実務ですぐに試してみることができるのです。そのため、プログラミングを始めてみたい人にとって、環境準備の作業を省略して、実際の動作を確かめながら学習を進めていけるExcelのマクロは、有力な選択肢の1つでしょう。

マクロ利用のデメリットと、それでも利用すべき理由

ただ、マクロはいいところばかりかというと、そんなことはありません。マクロを記述する言語であるVBAは、プログラミング言語としては比較的平易なほうだといわれます。しかし、子供向けのビジュアル言語とは異なり、コードをキーボードから入力しなければなりません。また、ある程度学習しなければ、正しく動作するマクロは作成できないし、第三者の作成したマクロをカスタマイズすることもおぼつかないでしょう。

そして、「マクロをそもそも使うべきか」という問題もあります。Excelユーザー全体と比べれば、マクロは使える人は大変少ないといえます。自

分が作ったマクロが大変有用なもので、部署全体で使っていたとしましょう。マクロの作成者であるあなたが異動して別の部署に移ったとき、あなたの代わりにマクロに必要な修正を加える人が元の部署にいなければ、マクロのメンテナンスはあなたの仕事になる可能性があります。それが受け入れられるかどうかはケース・バイ・ケースですが、関数や機能を使っておけば、その事態は避けられる可能性が高くなります。

また、見過ごせないのがセキュリティの問題です。マクロを使ったマルウェアが大流行して、大変な騒動になったことが何度もあります。最近では、何重にもセキュリティ対策が採られていることが多いでしょうが、まったく危険ではないとはいえません。マクロの利用に慣れることで、マクロへの警戒感がどうしても薄れてしまうことも、マクロ利用の問題点です。

しかし、それでもマクロには利用すべきシーンがあります。たとえば、毎月、月末にいくつもの店舗から送られてきた売上のデータを商品ごとに手作業で集計していたのを自動化すれば、簡単に毎月数十時間もの時短につながるでしょう。

本気で効率化を考えるなら、こういった時短の機会に対して、決して背中を見せてはいけません。**「新しいことを始めるのは面倒だから」「今、なんとか回ってるから」「個々人が頑張ればいい」という態度は、時短によって得られる成果から遠ざかる結果しか招きません**。

マクロ習得の早道は自分で書いてみること

本書は、実際に動作するマクロをみなさんに提供し、カスタマイズして使ってもらうことを目的としています。そのため、本書内のマクロを読んだりカスタマイズしたりするのに必要な知識しか取り上げていません。しかし、本書に掲載したマクロを読んだり、カスタマイズしたりすることで、VBAの学習には一定の効果があるはずです。

VBAに限らず、プログラミングの学習は外国語の学習に似ているところがあります。ある外国語を初めて学ぶ人が、分厚い文法書を頭から読むのは効率が悪く、途中で挫折する可能性が高くなってしまいます。最低限の文法を学んだら、あとは実際の会話や文章の読み書きをとおして学び、必要に応じて文法書を参照するのが効率的です。

プログラミングでも同じで、最低限の文法を学んだら、あとは興味のあるマクロのコードを読んで、実際に書いてみるのが学習の早道です。本書のコードを自分のブックにコピーして使ってみて、必要に応じてカスタマイズし、疑問に思ったことが出てくれば、Webや類書に当たってみてください。疑問点を解決していくうちに、自分で最初からマクロを書き下ろしたり、ほかの人が公開した複雑なマクロをカスタマイズしたりできるようになるはずです。そして、その過程で学んだことがほかのプログラミング言語の習得にも役立つことでしょう。

本書に収録したマクロには、勉強のためだけのマクロはほとんどありません。使えそうなものを実際の業務に利用し、さらにはカスタマイズして自分の業務のさらなる時短へつないでください。

本書がみなさんのExcel仕事の時短を実現し、業務の効率化が達成されることを願ってやみません。

守屋 恵一

本書の読み方

マクロ初心者は、第１章で「マクロの記録」機能を使って、まずはマクロの動作に慣れてください。そのあと、第２章でコードを書くための基本を習得しましょう。VBAについて多少の知識があるなら、第２章冒頭のVBEの使い方をチェックしたのち、第３章以降のコードを試しながら読むことをおすすめします。エクスプローラーやOutlookなどとの連携は第５章で解説しています。もしVBAの重要なルールを知りたければ、第２章を読んでください。なお、本書で紹介しているマクロは、以下のリンク先よりダウンロードできます。

https://gihyo.jp/book/2021/978-4-297-11635-4

Contents

Excel自動化の第一歩は「マクロの記録」から

Excel自動化に不可欠なVBAの基本を知っておこう

VBAでセルの書式変更や値の編集を便利に行う

シートやブックをVBAで手軽に操作する

ほかのアプリやWindowsと連携して操作を高速化する

第 1 章

Excel自動化の第一歩は「マクロの記録」から

Excelのマクロを学んでいくとき、「マクロの記録」機能は無視されがちです。「マクロの記録」機能では、実際にキーボードやマウスの操作を記録するだけなので、簡単にマクロを作ることができます。特にプログラミングの知識は必要ありませんし、うまく使えば意外と役に立ちます。もし自分のやりたいことが「マクロの記録」機能で十分に実現できるなら、第2章以降のVBAは別の機会に学ぶことにしてもいいくらいです。

記録後は、[マクロ] ダイアログでマウスを使って選択・実行できるほか、Ctrl + Shift +数字キーをショートカットキーに割り当てたり、クイックアクセスツールバーに割り当ててAlt +数字キーで実行したりも可能です。ただし、あとで何度も使いまわしできるように記録するのは、かなり厄介です。いくつもの手順を1つのショートカットキーで実行できるのは大きな魅力ですが、それには記録時に途中で誤ることなく、無駄な動きをしないように留意する必要があります。ただ、そこさえクリアできれば大変便利なので、マクロを使ったことがない人はまず「マクロの記録」機能の優秀さを体感してみてください。

時短 5 分

マクロ活用は「マクロの記録」から始めよう

Excelのマクロは VBAというプログラミング言語で書かれています。そう聞くと、「プログラミングを勉強するのか……」とガッカリする人がいるかもしれませんが、プログラミングを知らなくてもマクロは使えるのです。

マクロとは何かを知っておく

本書のテーマは「Excel作業の自動化」ですが、そこで重要なのが「マクロ」です。**マクロとは、アプリ上で行う複数の操作をなるべく少ない(できれば1つの)操作にまとめて実行するための仕組みです**。本書ではExcelのマクロを扱いますが、実はマクロはExcel以外にも多くのアプリに搭載されています。

では、マクロでどんなことができるのでしょうか。Excelでの操作を考えてみましょう。あるセルに文字列が入力されているとします。その文字列のサイズを28ポイントにして、中央揃え、罫線でセル全体を囲みたい場合、何度もマウスボタンをクリックしないと、望みの結果は得られません。もしその処理を何十回も繰り返さねばならないとしたら、大変な時間のロスです。「ショートカットキーを覚えればいいじゃないか」と思うかもしれませんが、マウスボタンをカチカチ押す代わりに、キーをカチャカチャ叩くことになるだけで、期待したほど時短にはつながらないでしょう。少しExcelに詳しい人なら「書式のコピー機能を使えばいいじゃないか」と思うかもしれませんが、ペースト先はどうしても手動で選択するしかありません。

しかし、**マクロを使えば、シート上に配置したボタンを1回クリックするだけ、あるいはショートカットキーを1回押すだけで、望みの結果を得ることができます。マクロは究極の時短術なのです**。

「そんなに便利なら、なぜ私の周りの人は使っていないのか」と思うかもしれません。その問いに答える前に、もう少しExcelのマクロについて説明しておきます。

マクロとVBAの関係

Excelのマクロは、**VBA**（Visual Basic for Applications）というプログラミング言語で記述されています。マクロといえば、そのアプリ上の操作をまとめて実行するものだとすでに説明しましたが、VBAはプログラミング言語ですから、複数の操作をまとめるだけでなく、条件によって処理内容を変更したり、同じ処理を何度も繰り返したりできます。

```
Sub SelectAddress()

    Dim olApp As Outlook.Application
    Dim olNSpc As Outlook.Namespace
    Dim olAddList As Outlook.AddressList
    Dim olAddDialog As SelectNamesDialog
    Dim Address() As String
    Dim idx As Long
    Dim cnt As Long

    '「名前の選択: 連絡先」ダイアログの生成
    Set olApp = New Outlook.Application
    Set olNSpc = olApp.GetNamespace("MAPI")
    Call olNSpc.Logon("OUTLOOK", , False)
    Set olAddDialog = olApp.Session.GetSelectNamesDialog

    'ダイアログの呼び出し → 選択アドレスの取得と表示
    If olAddDialog.Display = True Then
        cnt = 0
        For idx = 1 To olAddDialog.Recipients.Count
            If olAddDialog.Recipients(idx).Type = OlMailRecipientType.olTo Then
                cnt = cnt + 1
                ReDim Address(1 To cnt)
                Address(cnt) = olAddDialog.Recipients(idx).Address
            End If
        Next
        Me.Range("C2") = Join(Address, "; ")
    End If
```

VBAのコード。ほかのプログラミング言語をよく知っている人なら、「VBAは難しくない」と感じるだろうが、プログラミングをやったことがない人にとっては十分難しい

たとえば、通勤交通費の申告書を社員から提出させたいとき、ブックの名前を社員名に設定しておきたい場合、どうすればよいでしょうか。

1つのやり方としては、テンプレートとなるブックを全員にメールで送付して、「自分でファイル名を変更してから入力するように」という指示を出すことが考えられます。しかし、姓と名の間に空白を入れるのか、空白は全角なのか半角なのか、空白は1つでいいのか……などなど、いろいろなルールをきちんと決めておかないと（あるいは決めておいたとしても）、ファイル名がばらついてしまい、ブックを集めたあとに手間がかかってしまいます。

あらかじめ社員名簿から社員の名前をコピーしてシートに書いてからマクロを使えば、あっという間にテンプレートから社員の名前がファイル名

に入ったブックを作成できます。あとは、ファイルサーバの共有フォルダーにコピーしておき、「自分の名前のブックを持っていって、入力するように」といえば済みます。さすがに、自分の名前を間違える人はあまりいないので、かなり楽に作業が終わるでしょう。

> **⚠ ATTENTION**
>
> 上に挙げたマクロは「マクロは複数の操作をまとめて実行する仕組みである」という定義には当てはまりませんが、本書では簡便のため、VBAで書いた、Excelで動くプログラムをすべてマクロと呼ぶことにします。

■マクロの作り方は２種類ある

マクロを作るには2つの方法があります。1つめは、**Excelでの操作をExcel自身に記録しておく方法です**。Excelで文字入力したり、セルを修飾したり、シートを印刷したり、それらの操作を記録しておき、あとで実行するわけです。これを「**マクロの記録**」と呼びます。

この方法は単純なので、誰にでもできます。ただ、大きな問題があって、「マクロの記録」は実行が容易な代わりに、次に呼び出したときにうまく動かないことがよくあります。たとえば、セルA1を選択して、「請求書」と入力し、フォントのサイズを大きくして太字にする操作を「マクロの記録」機能で記録したとしましょう。「マクロの記録」を開始する前に、どのセルがアクティブだったかで、動作がかなり変わってくるのです。マクロについて知識の浅い人は、うまく動作しない理由が理解できず、そこで投げ出してしまいます。これが「便利なのはわかっているのに、実際に使っている人が少ない」理由です。マクロについての知識があれば、どこが問題かを理解しやすく、場合によってはコードを修正することで記録したマクロを正しく動作させることも可能です。

また、「特定の条件を満たすときに処理Aを実行し、満たさないときは処理Bを実行する」といった場合分けは「マクロの記録」機能では不可能です。複雑な処理を行うのには向きません。「マクロの記録」機能では不可能だが、VBAを使えば可能になる処理については第3章で細かく挙げていきます。

もう1つの方法は、**VBAを使ってマクロを記述する方法です**。この方法では、正しく記述できれば、間違いなく動作します。しかも、「マクロの記録」機能では実現できない操作も、VBAで自分で記述したマクロなら実現可能です。そのため、本書では第1章で「マクロの記録」機能によるマクロ作成について解説したあと、第2章以降はVBAによるマクロ作成の方法を取り扱います。

ただ、VBAでマクロを記述するには、ある程度の知識が必要です。VBAはプログラミング言語の中では、習得が容易なほうに入りますが、それでも何も知らずにすぐに使いこなせるわけではありません。まずは、VBAのことは忘れ、マクロ取り扱いの準備をしたあと、「マクロの記録」機能でマクロの便利さを体験してみましょう。

COLUMN

「マクロの記録」機能はキーボード操作を記録するわけではない

Excelの「マクロの記録」機能は、キーボード操作を記録するのではなく、Excelで実行された機能を記録します。たとえば、アクティブセルがセルA1のとき、↓を押してセルA2を選択する操作を記録したとき、記録されるのは↓を押したことではなく、セルA2を選択したことです。細かいことに思えますが、この仕様を理解していないと、「マクロの記録」機能で作成したマクロが動作しないときに原因を突き止められません。

もしどうしてもキーボード操作を記録したマクロを使いたいなら、Excelのマクロ機能ではなく、Windowsで動作するキーボードマクロアプリを使ってみてもいいでしょう。動作速度ではかなり劣りますが、記録したとおりに動作します。高速に動作させたいなら、Excelの「マクロの記録」機能をしっかり使ったほうがいい結果を得られます。

「ClickerAce」というアプリを使えば、アクティブセルを移動して文字を入力したり、マウスでリボンのアイコンをクリックしたりといった作業も自動化できる。ただし、低速なうえに、マウス操作を正しく再現するにはかなりの準備が必要だ

1 / 02

時短 10 分

「マクロの記録」の準備と必要な知識

マクロに慣れていない人が初めてマクロを扱うには、ちょっとした予備知識が必要です。また、「マクロの記録」機能を使う前に実行しておきたい準備もあるので、確実に実行しておきましょう。

[開発] タブを表示する

Excelのマクロは[開発]タブから実行すると便利です。「自分のExcelには[開発]タブが表示されていない！」という人は、以下の手順で表示しましょう。ショートカットキーも用意されているので必須ではありませんが、ここでは表示させておきます。

[オプション] を表示する

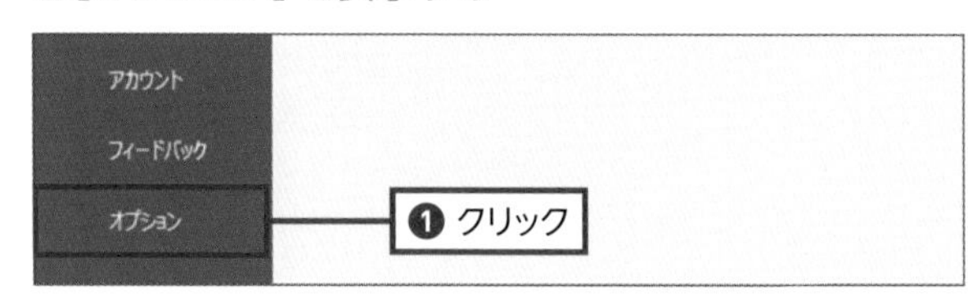

[ファイル] タブをクリックし、Backstageビューが表示されたら[オプション] をクリックする(❶)

[開発] にチェックを付ける

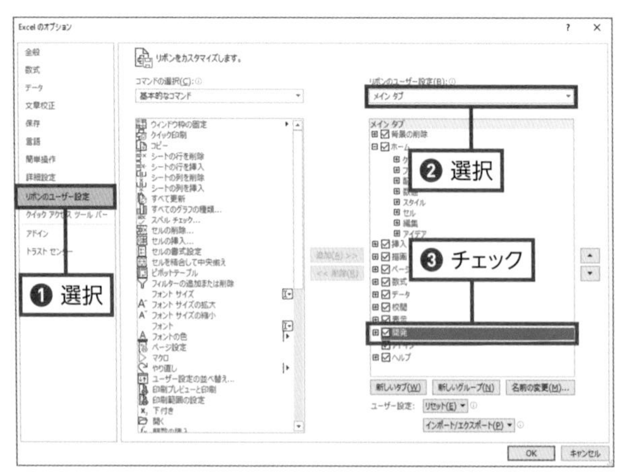

[Excelのオプション] ダイアログで[リボンのユーザー設定] を選択し(❶)、[メインタブ] の[開発] にチェックを付ける(❷、❸)。[OK] ボタンをクリックすれば、[開発] タブが表示される

[開発] タブが表示された

リボンに[開発]タブが表示された。[開発]タブをクリックすると、マクロ関係のアイコンなどが表示される

マクロ入りブックを開いてアラートが表示されたら

あとで述べるように、マクロにはウイルスなど危険が潜んでいるかもしれません。そのため、マクロ入りのブックを扱っていると、事あるごとにアラートが表示されます。まず、マクロ入りのブックを開くと、「マクロが含まれているが、マクロを有効にして開いてよいか」を尋ねてくるときがあります。もしマクロが含まれていないはずのブックを開くときに、そのようなアラートが表示された場合は、マクロは有効にしないほうが安全です。問題がないとわかっているブックであれば、以下の手順にしたがって開きましょう。

[セキュリティの警告] でマクロを有効にする

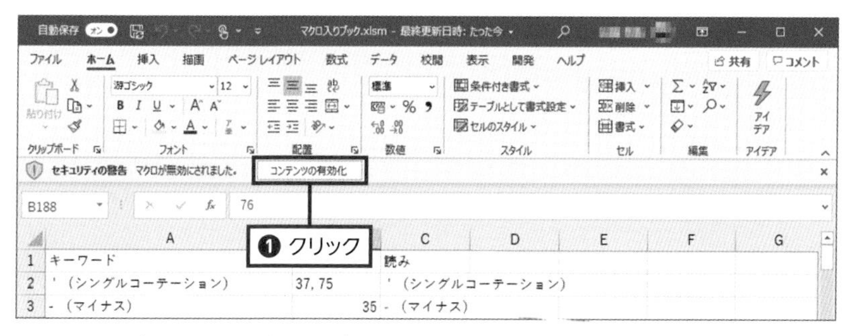

マクロ入りのブックを開くと、[マクロが無効にされました]と表示されることがある。マクロを実行したい場合は、[コンテンツの有効化]ボタンをクリックする(❶)

■ネットワーク上に保存しているとき

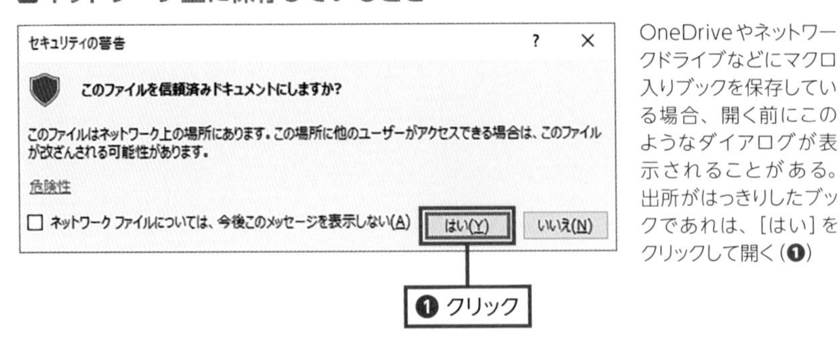

OneDriveやネットワークドライブなどにマクロ入りブックを保存している場合、開く前にこのようなダイアログが表示されることがある。出所がはっきりしたブックであれば、[はい]をクリックして開く(❶)

COLUMN

マクロを使う前に注意すべきこと

マクロはExcelのほかの機能と異なり、一種のプログラムなので、中身が誤っているとExcelのデータやパソコンに悪影響を与えることがあります。そのため、マクロの扱いには若干の慎重さが必要です。

まず、会社によってはセキュリティやデータの管理上の問題から、Excelのマクロの利用を禁じていることがあります。会社の方針に反して業務用のデータを扱うことは、就業規則などに違反する恐れがあるので、会社に内緒でマクロを使うのは止めておくべきでしょう。システム管理者などに相談して、利用を許可してもらうほうが先です。

特に禁じられていない場合でも、マルウェア対策は万全にしておいてください。Windowsはできるだけ最新版にアップデートし、「Windows Defender」などマルウェア対策ソフトも準備しておくことを強くおすすめします。Excel本体のアップデートも忘れないようにします。なお、Excelのアップデートは、Microsoft Officeのアップデートに含まれています。

また、自分で作成したマクロなら問題ありませんが、ほかの人にもらったマクロはどういう機能を備えたものか、そしてそのマクロの作者が誰なのかを事前に確認しておくべきです。出所不明のマクロを実行すると、悪意ある命令やバグが含まれていたときに、どんなトラブルが発生するかわかりません。

5ステップですぐわかる「マクロの記録」をやってみよう！

準備が整ったら、いよいよ「マクロの記録」を試してみましょう。初めて挑戦する人なら、意外と簡単なことに驚くかもしれません。記録できたら、実行してみます。

書式変更の操作を記録・実行する

前節までで準備は整いました。ここでは、実際に「**マクロの記録**」をやってみます。まずは新しいブックを開いて、セルに何か文字を入力しておきましょう。そして、記録をスタートし、セルの書式設定を行います。終わったら、記録を終了します。

以下、具体的な手順を説明します。

① ブックの下準備を行う

操作対象のブックを準備します。ここでは、セルに適当な文字を入力しておきます。入力するセルは、どのセルでもかまいません。

② 「マクロの記録」を開始する

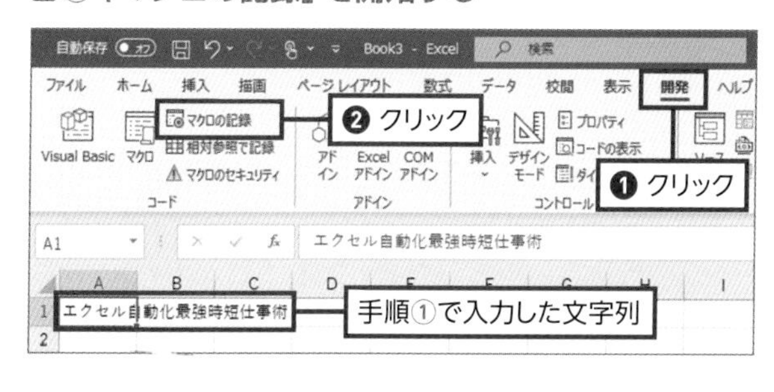

文字を入力したセルを選択した状態で［開発］タブ（❶）の［コード］グループで［マクロの記録］をクリックする（❷）

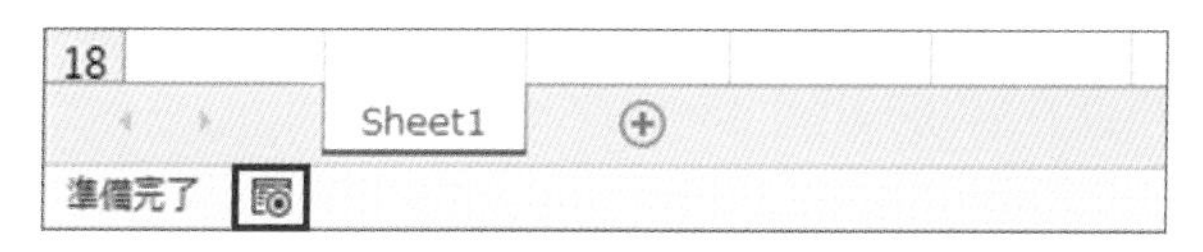

あるいは、ステータスバーの左下のアイコンをクリックしてもよい

③ マクロの名前を付ける

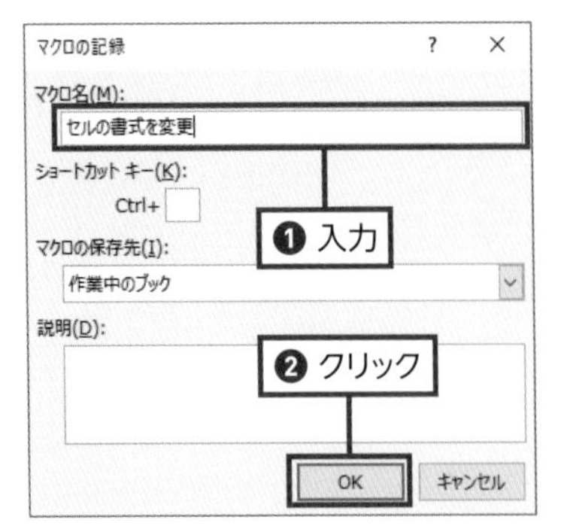

[マクロの記録]ダイアログが表示されるので、必要に応じて[マクロ名]に文字列を入力し(❶)、[OK]をクリックする(❷)

④ Excelでの操作を記録する

マクロに記録したい実際の操作を行います。ここでは、セルの書式設定を変更し、フォントを「游ゴシック」、スタイルを太字、サイズを24ポイントにしています。

⑤「マクロの記録」を終了する

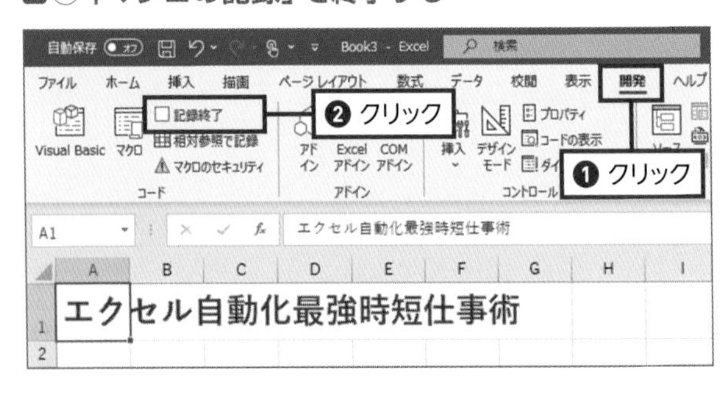

[開発]タブ(❶)の[コード]グループで[記録終了]をクリックする(❷)

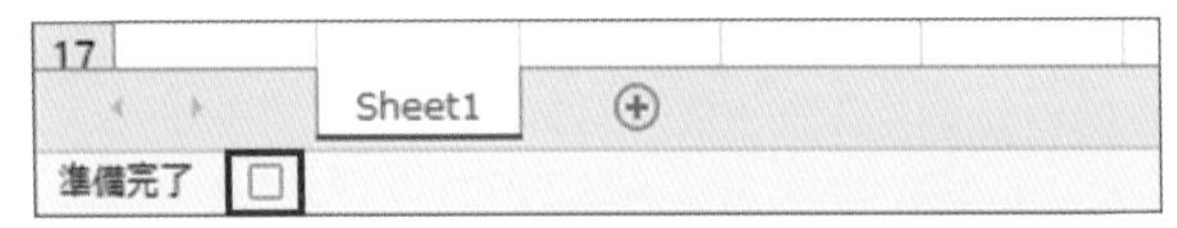

またはステータスバー左端のアイコンをクリックする

> **ATTENTION**
>
> ここで注意してほしいのは、「マクロの記録」が終了するまで、書式を設定しているセル以外のセルを選択しないことです。アクティブセルを移動した場合、記録したマクロを実行しても期待した結果が再現できないことがあります。記録を終了したあとは、アクティブセルを移動してもかまいません。

マクロ入りブックの保存時の注意点

「マクロの記録」機能でマクロを記録したあと、ブックを保存する際、そのままの形式では正しく保存できません。**マクロ入りのブックは、ファイル形式を変更して[Excelマクロ有効ブック]とし、拡張子を「.xlsm」として保存しなければなりません**。

なお、マクロ入りとして開いたブックはすでに拡張子が「.xlsm」になっているので、以下の手順を実行せず、「上書き保存」で保存できます。

ファイル形式を[Excelマクロ有効ブック]に変更する

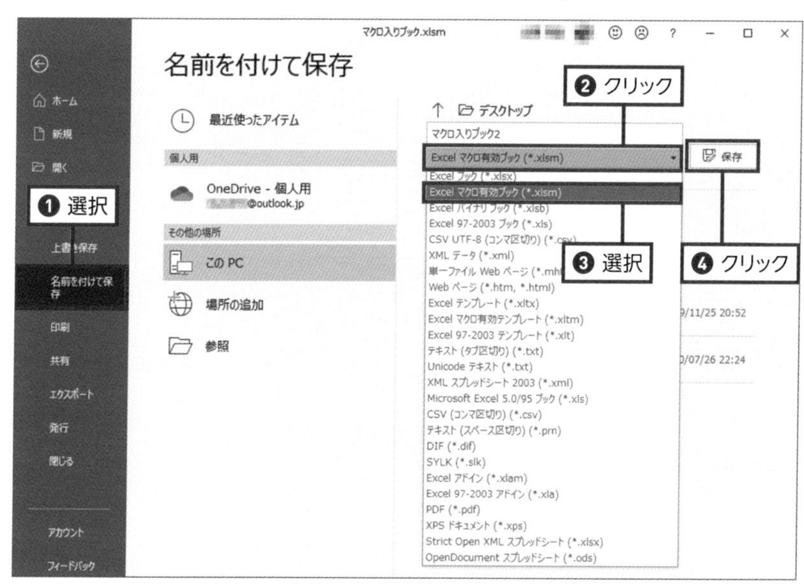

マクロを記録したブックを保存する際は、[ファイル]タブからこのダイアログを表示する。[名前を付けて保存]を選択し(❶)、保存場所を指定したあと、リストをクリック(❷)。[Excel マクロ有効ブック]を選択して(❸)[保存]をクリックする(❹)

マクロなしのブックとして保存するとマクロが削除される

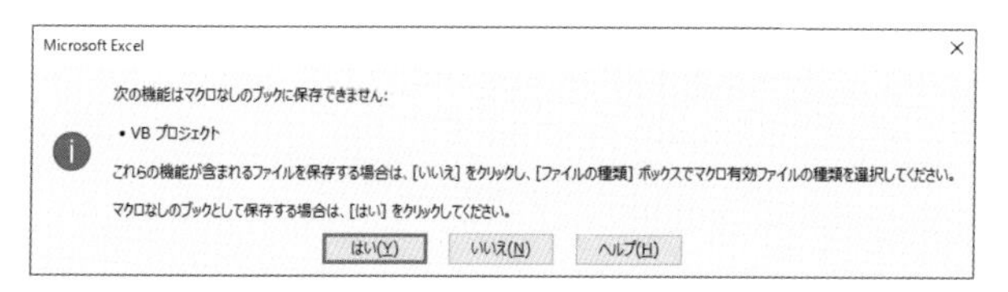

マクロを記録したブックをファイル形式が[Excel ブック(*.xlsx)]のまま、保存しようとすると、上のようなアラートが表示される。[はい]をクリックしてマクロなしの形式を選んで保存してしまうとマクロが削除されるため、次にブックを開いたとき、記録したマクロが利用できない

1 04 記録したマクロを実行してみよう

前節でセルの書式設定を変更するマクロを記録しました。ここでは、記録したマクロを実行してみます。正しく記録できていれば、一瞬で書式設定が完了するので、マクロを知らない人は驚くかもしれません。

記録したマクロを実行する

書式を変更したい文字を入力したセルを選択した状態で、マクロを実行します。

書式を設定したいセルを選択する

文字が入力されたセルを選択した状態で、[開発] タブ (❶) の [コード] グループで [マクロ] をクリックする (❷)

実行したいマクロを選択する

[マクロ] ダイアログが表示されたら、記録したマクロを選択して (❶) [実行] をクリックする (❷)

■書式が設定された

	A	B	C	D	E	F	G	H	I	J	K	L	M
1	パソコン最強時短仕事術												
2													
3													
4													
5													
6													

セルに書式が適用された

POINT

ここでは、記録時と実行時で同じ場所のセルを選択してマクロを記録・実行していますが、正しくマクロを記録できていれば、記録時とは別のセルに入力した文字列に書式を設定することもできます。

ATTENTION

うまく動作しない場合は、記録するときに余分な操作をしている可能性が高いので、記録し直してみましょう。特に、文字を入力するセルとは異なるセルがアクティブな状態で「マクロの記録」を開始してしまい、あわてて文字が入力されたセルを選択して記録した場合、うまく動作しません。

COLUMN

アクティブセルを移動する操作は相対参照で記録する

「マクロの記録」を実行中にアクティブセル以外のセルを選択すると、実行時にそのセルにアクティブセルが移動してしまいます。たとえば、特定のセルの値を3行下、1列右のセルにコピーして書式を設定するマクロを記録したとしましょう。記録時にセルA1の値をセルB4にコピーして書式を設定したマクロを、セルB1をアクティブにした状態で実行すると、セルC4に値がコピーされるのではなく、セルB4にコピーされて値が上書きされます。

こういった問題を避けるには、[開発] タブの [コード] グループで [相対参照で記録] をクリックしてオンにして「マクロの記録」を実行します。すると、コピー元のセルを選択したとき、アクティブセルからの相対位置をもとにコピー先が決まります。

1 / 05

時短 15 分

複数のシート印刷はワンクリックでOK！

次は「マクロの記録」で簡単に作成できる、実務的なマクロです。筆者も日常的に使っているマクロで、複数シートの一括印刷を簡単に行うことができます。

複数のシートをまとめて印刷する

3枚綴りや4枚綴りの伝票は、まだまだよく使われています。そういった伝票をExcelのブックで作成している例も少なくないでしょう。うまく数式や関数を使えば、1カ所に入力するだけで、必要なシートすべてに同じ値が入力できますが、問題は印刷です。シートをいちいち印刷するのは、少々面倒です。

そういうときは、印刷したいシートをすべて選択してから印刷を実行すれば、一度の印刷操作で選択したシートを全部印刷できます。ただ、先にシートを選択しなければなりません。ここでは、その手間を省くために、**複数のシートをまとめて印刷するマクロを記録してみましょう**。

■ブックの下準備を行う

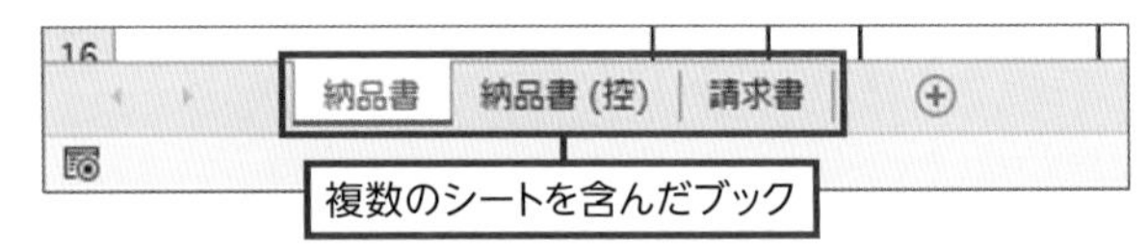

印刷したい複数のシートを含んだブックを用意する

■「マクロの記録」を開始する

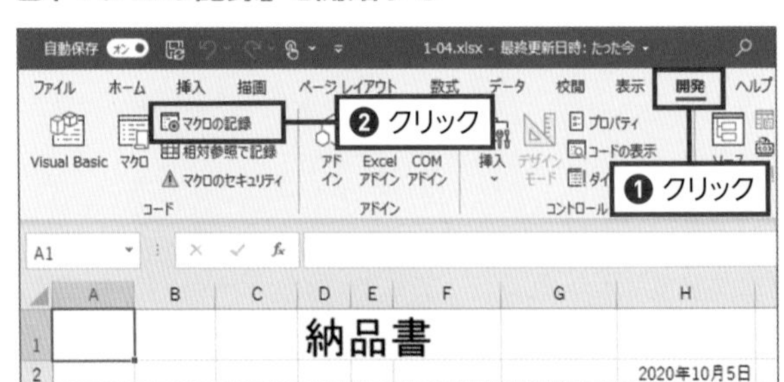

印刷したいシートの準備ができれば、[開発]タブ（❶）の[コード]グループで[マクロの記録]をクリックする（❷）

マクロの名前を付ける

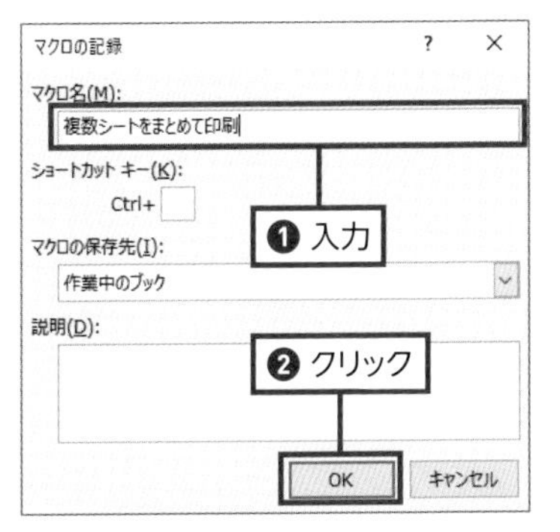

[マクロの記録] ダイアログが表示されたら、[マクロ名] に適当な名前を入力して (❶)、[OK] をクリックする (❷)

Excelでの操作を記録する

印刷したいシートを Shift キーを押しながらクリックして選択

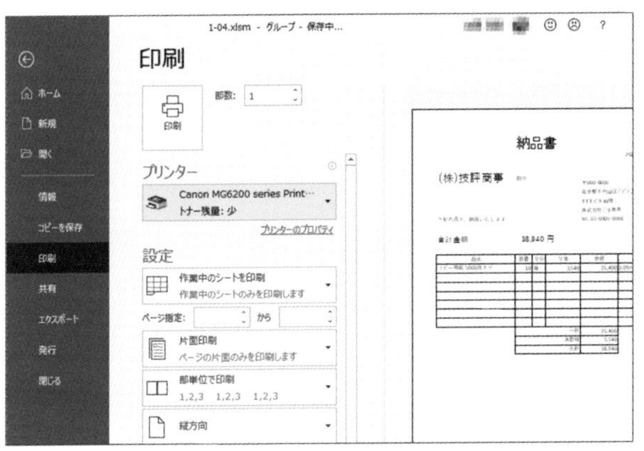

Ctrl + P キーを押すか、[ファイル] タブからBackstageビューを表示して印刷を開始する

「マクロの記録」を終了する

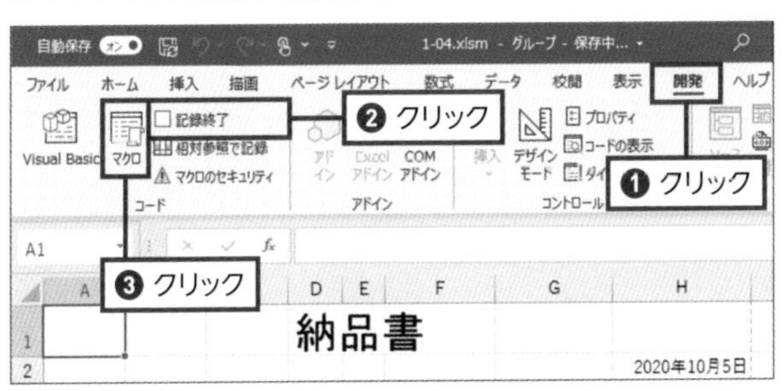

印刷できたら、[開発] タブ (❶) の [コード] グループで [記録終了] をクリックする (❷)。あとは、印刷したいときに[マクロ] をクリックして (❸)、マクロを呼び出せばよい

1 / 06

アクティブセルは終了前にA1に設定しておきたい

ほかの人と共有するブックでは、「アクティブセルをセルA1に移動してから保存するように」というルールが設定されている場合があります。このルールを簡単に守る方法を考えてみましょう。

マクロでセルA1を選択して保存する

ブックを保存する際には、アクティブセルの場所も保存されます。大きな表で先頭からかなり離れた場所をアクティブにして保存すると、次に開いた人がちょっと戸惑うことがあるかもしれません。

そのため、保存時にはアクティブセルをセルA1にするルールを決めている会社もあります。あまり筋のよいルールだとは思いませんが、ルールはルールです。マクロで簡単に守れるようにしてしまいましょう。

「マクロの記録」を開始する

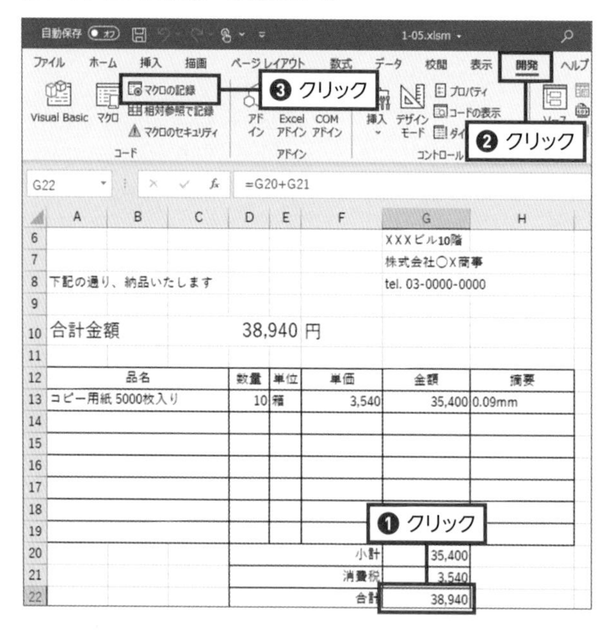

セルA1を選択して保存するマクロを記録してみよう。まずは、セルA1以外のセルを選択した状態で(❶)、[開発]タブ(❷)の[コード]グループで[マクロの記録]をクリックする(❸)

マクロの名前を付ける

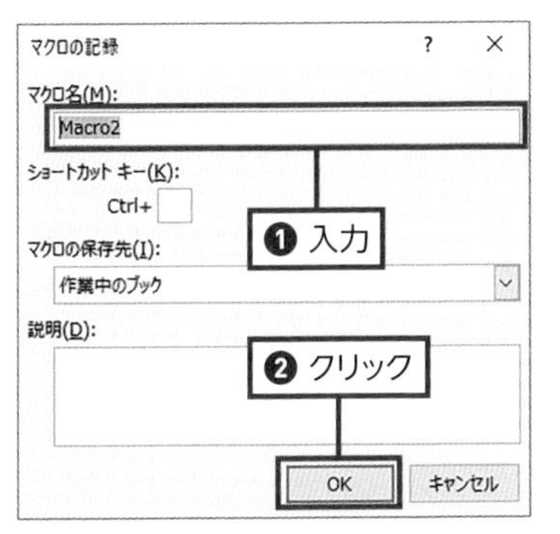

[マクロの記録]ダイアログが表示されるので、[マクロ名]に適当な名前を付けて(❶)、[OK]をクリックする(❷)

移動先のセルを選択する

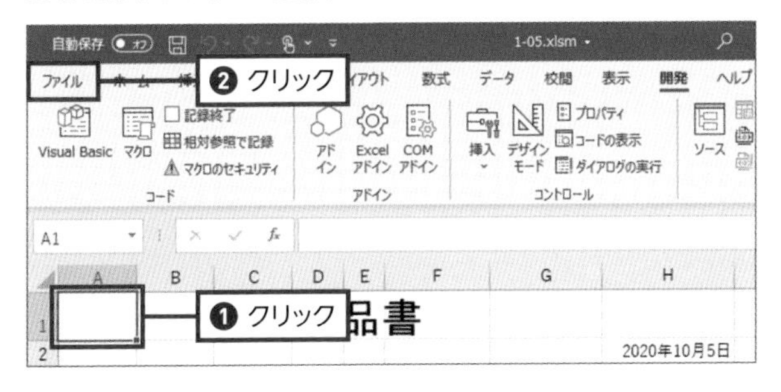

セルA1を選択して(❶)、[ファイル]タブをクリックする(❷)

ブックを保存する

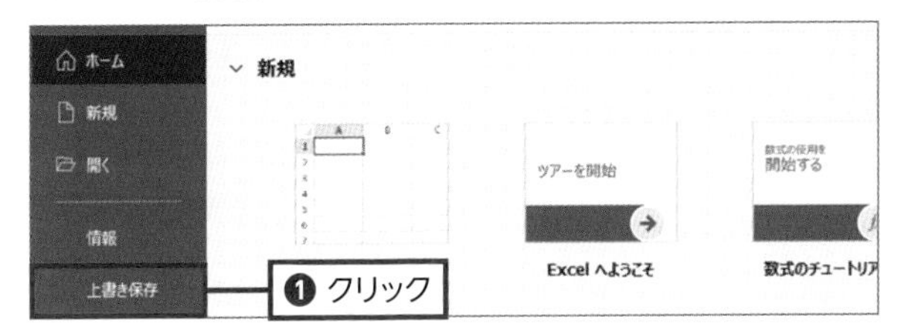

Backstageビューが表示されたら、[上書き保存]をクリック(❶)。元の画面に戻って[開発]タブの[コード]グループで[記録終了]をクリックすると「マクロの記録」が終了する

マクロが記録できたら、実際に使ってみましょう。**このマクロは、ブックの編集が終わったあとに実行します**。すると、ほかの人がこのブックを開いたときに、アクティブセルがセルA1になっているはずです。

なお、このマクロでは、最後に開いているシートのセルA1がアクティブになります。もし特定のシート「Sheet1」のセルA1をアクティブにしたい場合は、「Sheet1」以外のシートを選択した状態で「マクロの記録」を開始し、「Sheet1」シート→セルA1の順に選択してから記録を終了します。

1 / 07

時短30分

複数フィルターの適用・解除を爆速で行うには

データの抽出を行うとき、フィルターは非常に強力な武器になります。ただ、細かく条件を設定したいとき、操作が面倒なのが気になります。どうやれば、簡単にできるのでしょうか。

自動的に複数条件でデータを抽出する

データの抽出で、フィルターはなくてはならない機能です。複数の条件を組み合わせれば、かなり強力な絞り込みが可能なので、日常的に利用している人も多いでしょう。Excelの機能では、[データ] タブの [並べ替えとフィルター] グループで [フィルター] をクリックして設定します。フィルターが設定できれば、あとは抽出する条件を設定するだけです。

ただ、条件の設定は小さなチェックボックスをクリックしなければならず、かなり面倒です。複数の条件を設定したいときは、条件の数だけフィルターの操作が必要になります。

これを省力化するには、マクロがピッタリです。**フィルターでの絞り込みの手順と、フィルター解除の手順を両方とも記録しておけば、データを抽出したり元に戻したりする作業が大変楽になります**。

「マクロの記録」を開始する

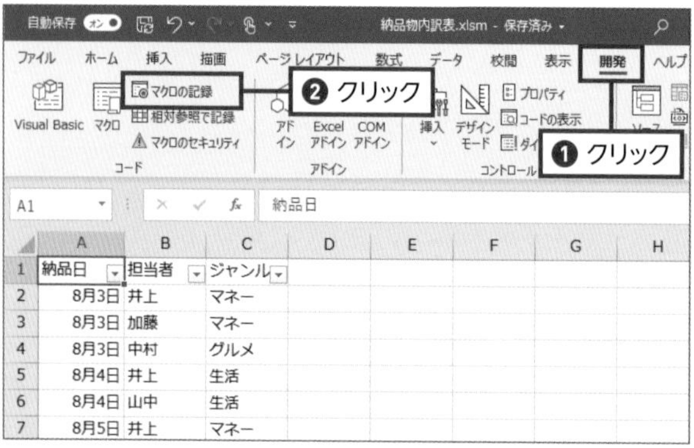

すでにフィルターを設定したブックを用意した。[開発]タブ(❶)の[コード] グループで[マクロの記録] をクリックする(❷)。あとは[マクロの記録]ダイアログで名前を付けて、記録を開始する(P.27参照)

1つめのフィルターを設定する

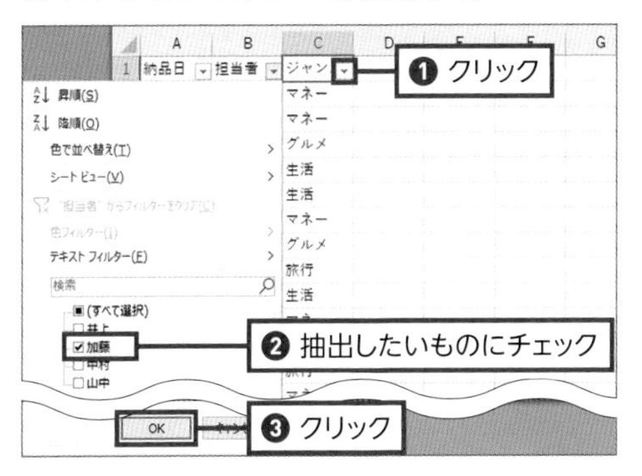

ここでは「担当者」と「ジャンル」の2つで絞り込みを行う。まず「担当者」の▼をクリックして(❶)、絞り込む条件を設定し(❷)、[OK]をクリックする(❸)。なお、フィルターを解除するには[すべて選択]にチェックを付ける

2つめのフィルターを設定する

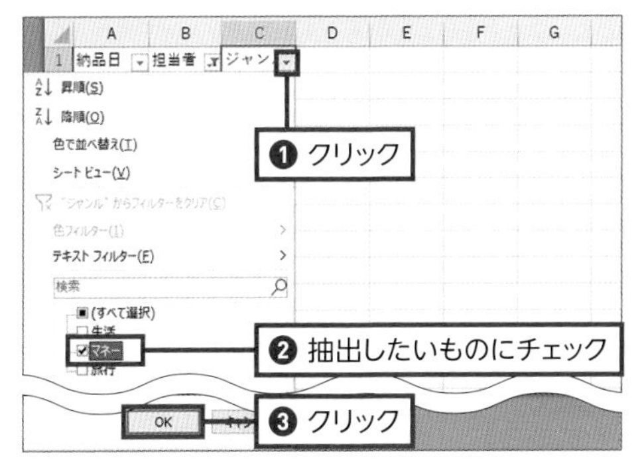

次は「ジャンル」の▼をクリックして(❶)、条件を設定し(❷)、[OK]をクリックする(❸)

「マクロの記録」を終了する

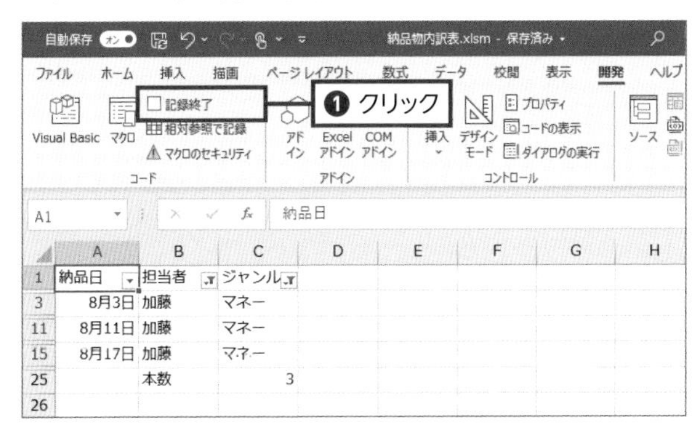

抽出できたら、記録を終了する(❶)。なお、マクロの実行についてはP.22を参照

ここでは、フィルターによるデータ抽出の手順の記録のみ紹介しましたが、フィルターの解除の手順もマクロとして保存しておくと便利です。

1 / 08

マクロはワンクリックで実行できる!

マクロの記録と実行を繰り返していると、基本的に一度だけで済む記録はともかく、実行が面倒になってくるかもしれません。もっと簡単にマクロを実行する方法を紹介しましょう。

ボタンをクリックしてマクロを実行する

マクロを実行するのに、いちいち[開発]タブで[マクロ]をクリックする必要はありません。**ボタンにマクロを割り当ててしまえば、ボタンをクリックするだけで、マクロが実行できます**。

ボタンを配置する

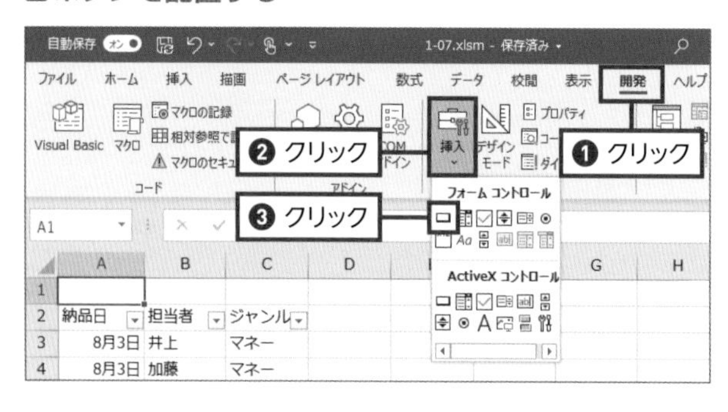

[開発]タブ(❶)の[コントロール]グループで[挿入]をクリックし(❷)、[ボタン(フォームコントロール)]をクリックする(❸)

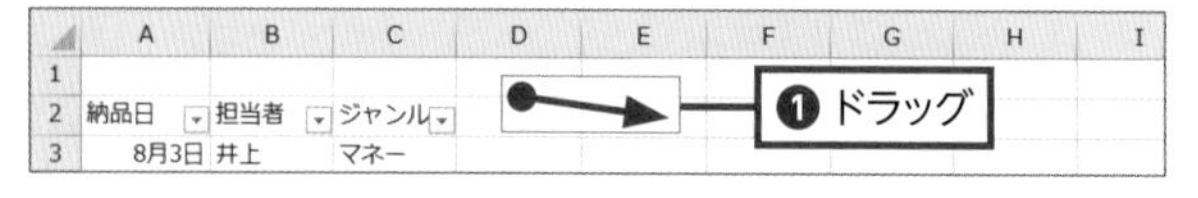

ボタンを配置したい場所をドラッグする(❶)

ボタンに割り当てるマクロを選択する

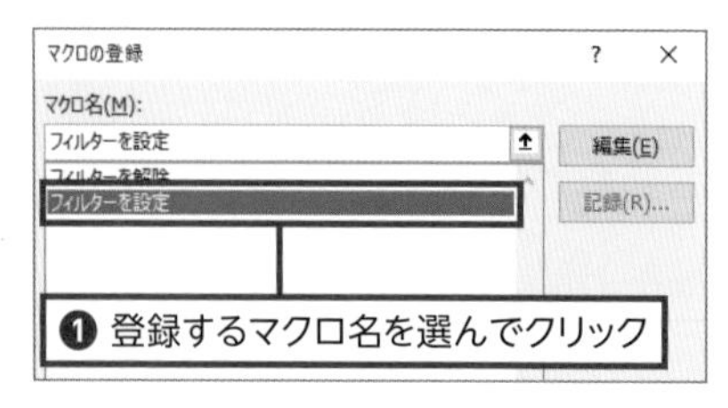

マウスのボタンを離すと、[マクロの登録]ダイアログが表示されるので、ボタンに割り当てたいマクロを選択する(❶)

ボタン上の文字列を編集する

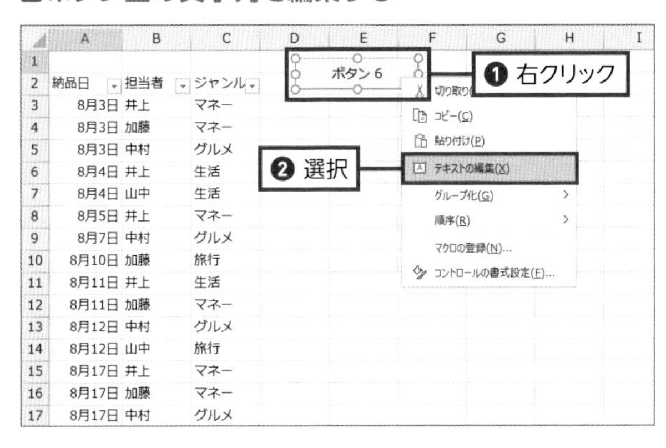

シート上にボタンが表示された。このままではわかりにくいので、ボタン上に表示されるテキストを書き換える。右クリックして(❶)[テキストの編集]を選択し(❷)、テキストを編集する。

ボタンでマクロを実行してみる

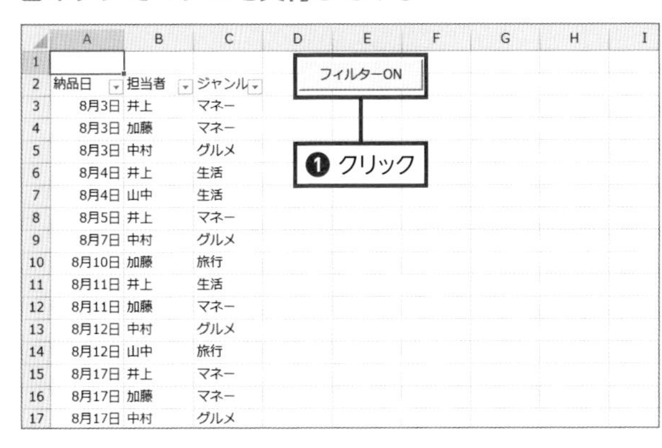

このボタンには、前節で解説したフィルターでの抽出マクロを割り当ててみた。クリックすると、そのマクロが実行できる(❶)。なお、ボタンの位置や場所を変更したい場合は、右クリックしたあとでドラッグする

フィルターで抽出できた

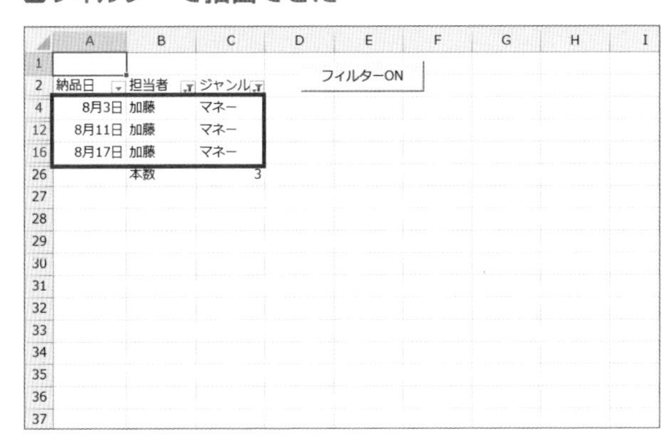

クリックするだけでマクロが実行されて、データが抽出できた。なお、同様の手順で、フィルターを解除するボタンも作っておくと、さらに便利だ

1 / 09

時短 10 分

マクロをキーボードで実行するには？

マクロをボタンに割り当てると大変わかりやすくなりますが、マクロを実行する場所が決まっていなければ、ボタンでは間に合いません。そんなときは、ショートカットキーでマクロを実行してみます。

マクロにショートカットキーを割り当てる

選択したセルに、あらかじめ登録しておいた書式を設定するマクロを実行したいとき、ボタンでは使いづらいことがあります。ボタンはシート上を移動しないので、スクロールすると見えなくなってしまうからです。

どうしてもキーボードだけでマクロを実行したいなら、アクセスキーを使う手を思いつくかもしれません。Alt→L→P→Mキーを押せば、[マクロ]ダイアログを表示できます。しかし、もっと便利なのがショートカットキーです。**ここでは、マクロにショートカットキーを割り当ててみます。**

ショートカットキーを割り当てたいマクロを呼び出す

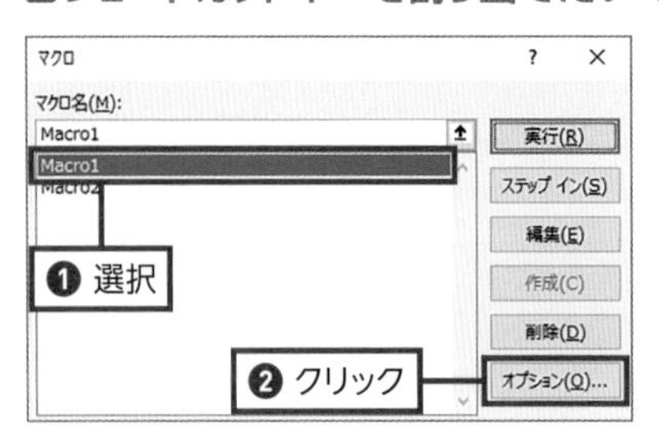

[開発]タブの[コード]グループで[マクロ]をクリックして、[マクロ]ダイアログを表示する。ショートカットキーを割り当てたいマクロを選択して(❶)、[オプション]をクリックする(❷)

ショートカットキーを入力する

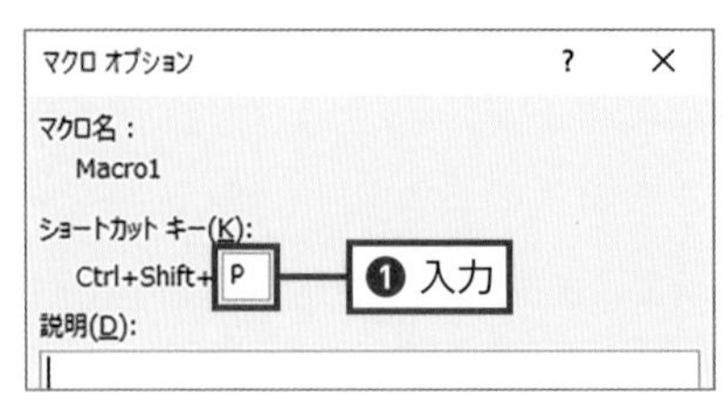

Shiftキーを押しながら、英字キー(ここではP)を入力して(❶)登録する。Shiftキーを押さずに英字キーを押してもよいが、ほかのショートカットキーよりも優先されるので、いつも使っているショートカットキーが使えなくなる可能性がある

1 / 10

時短 15 分

クイックアクセスツールバーでマクロを簡単実行する

よく利用する機能を目立つ場所に集めておけるのが、クイックアクセスツールバーのメリットです。さらに、ショートカットキーにも対応しており、マクロを登録しておけば、手早く作業を進められます。

マウスでもキーボードでもマクロを高速実行できる

前節では、マクロにショートカットキーを割り当てる方法を紹介しました。Ctrl＋Shift＋英字キーを使うことで、最大26個まで登録可能です。いくつかの組み合わせはデフォルトで別の機能に割り当てられていますが、そのショートカットキーを使わないなら同じ組み合わせで登録して上書きもできます。ただ、Ctrl＋Shift＋英字キーの組み合わせには、押しづらいものがあるので、多用するのは現実的ではないでしょう。

そこで検討したいのが、クイックアクセスツールバーを使った方法です。Excelに限らず、**Microsoft Officeにはタイトルバー左端にボタンが並んだツールバーが表示されていますが、これがクイックアクセスツールバーです。ここに機能やマクロを登録すると、ショートカットキーで実行できるほか、マウスでクリックするだけで実行可能です**。ここではマクロの割当方法を解説しますが、マクロ以外でもぜひ使いこなしたい機能です。

ボタンを配置する

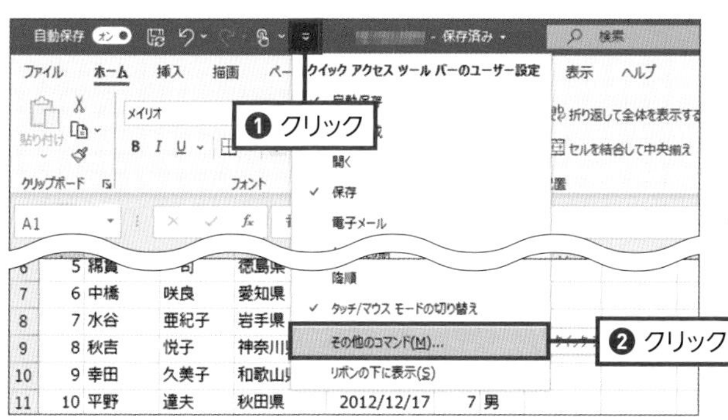

登録したいマクロは、あらかじめ用意しておく。クイックアクセスツールバーの右端にある下向きのボタンをクリックし(❶)、[その他のコマンド]を選択する(❷)

マクロを追加する

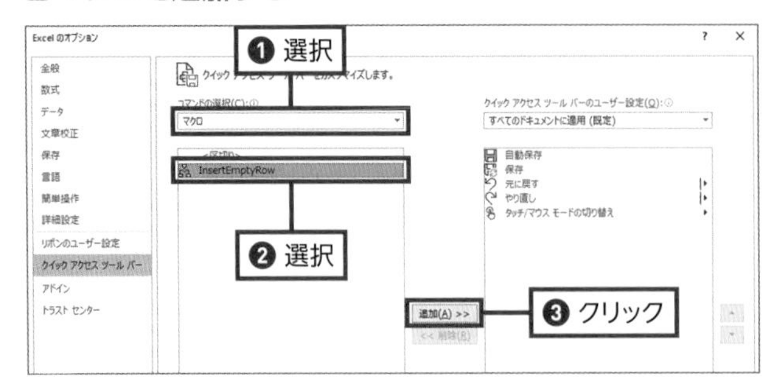

[Excelのオプション]ダイアログが[クイックアクセスツールバー]を選択した状態で表示される。[コマンドの選択]リストから[マクロ]を選択し(❶)、追加したいマクロを選択して(❷)、[追加]をクリックする(❸)

表示順序を整理する

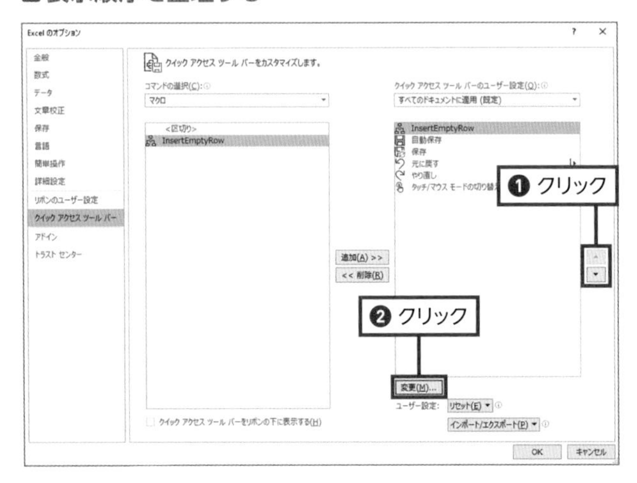

選択したマクロが右側に表示されたら、クイックツールバーで利用可能だ。ここではさらに表示順序を変更したい。右端の矢印をクリックして、好きな場所にマクロを移動する(❶)。また、先頭のアイコンはすべてのマクロに共通なので、変更してみよう。[変更]をクリックする(❷)

アイコンを選択する

[ボタンの変更]ダイアログが表示されたら、好きなアイコンを選択して(❶)、[OK]をクリックする(❷)。なお、[表示名]はマウスポインターがアイコン上に来たときに、ツールチップとして表示される文字列のことだ

アイコンが表示された

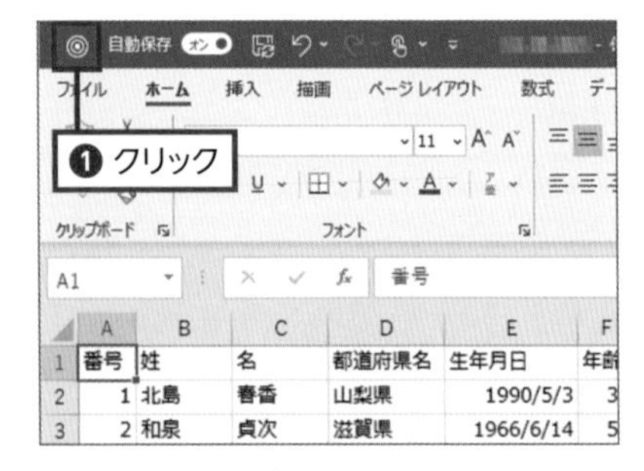

選択したアイコンがクイックツールバーに表示された。このアイコンをクリックすると、マクロが実行できる(❶)。また、登録時点でショートカットキー(Alt+1〜9)が自動で割り当てられるので、そちらを使ってもいいだろう

どのブックでも同じマクロを実行したい!

マクロはブックに保存されます。そのため、作成したマクロはそのブックを開いているときしか使えませんが、どのブックでも使う方法があります。それが個人用マクロブックです。

「PERSONAL.XLSB」にマクロを保存する

P.28で紹介した、フィルターでの抽出を行うマクロのように、そのブックのデータ専用マクロであれば、ほかのブックで使えなくても問題ありません。しかし、P.26で紹介した、セルA1を選択して上書き保存するマクロは、複数のブックで使いたいことがあるでしょう。

そういう場合は、マクロの保存先を編集中のブックではなく、「個人用マクロブック」という特殊なブックに変更します。すると、**どのブックでもそのマクロが使えるようになります**。マクロを有効にしていない、拡張子が「.xlsx」のブックでもマクロが実行できるのです。

ほかのメンバーとマクロを共有したいときは、個人用マクロブックではなく、共有するブックに保存するしかありません。しかし、ブックの内容に依存しないマクロであり、自分だけが使えればいいなら、ブックに保存するのではなく、個人用マクロブックに保存してもいいでしょう。

保存先を「個人用マクロブック」にする

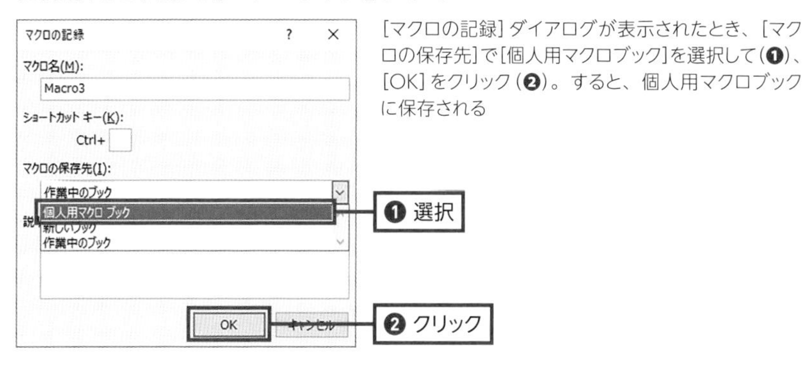

[マクロの記録] ダイアログが表示されたとき、[マクロの保存先] で [個人用マクロブック] を選択して(❶)、[OK] をクリック(❷)。すると、個人用マクロブックに保存される

■アラートが表示される

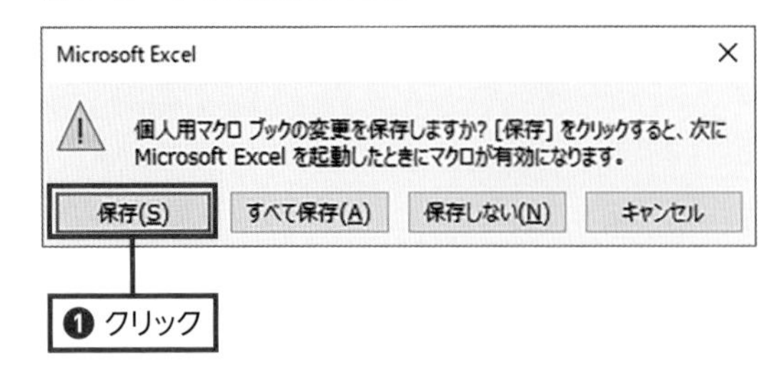

初回はこのダイアログが表示されることがある。[保存] をクリックする(❶)

■個人用マクロブックはどこにあるのか

個人用マクロブックの属性は、隠しファイルとなっています。もし個人用マクロブックに関するエラーが表示された場合は、新しくブックを作成して「PERSONAL.XLSB」という名前に変更し、所定の場所にコピーします(下記参照)。また、役に立つマクロができて個人用マクロブックに保存したら、バックアップを取っておくようにしましょう。

■個人用マクロブックの保存場所

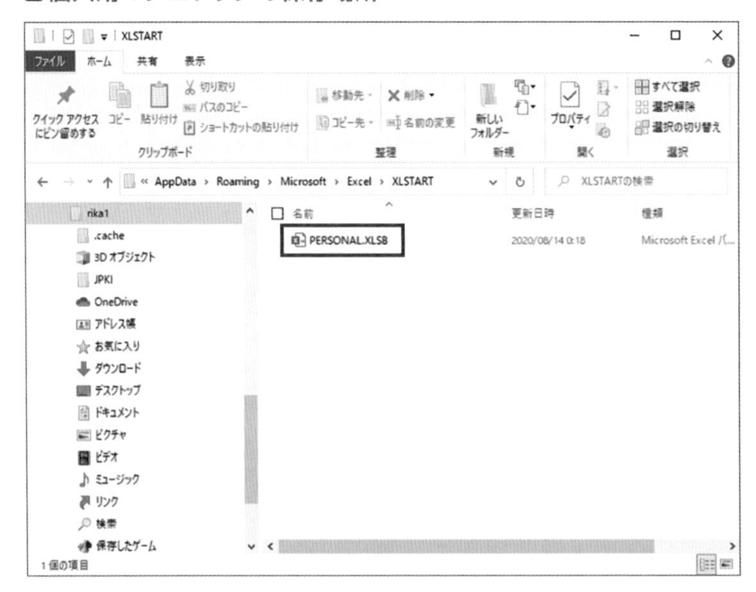

個人用マクロブックは、Windows 10なら「C:¥ユーザー¥(ユーザー名)¥AppData¥Roaming¥Microsoft¥Excel¥XLSTART」フォルダーに「PERSONAL.XLSB」という名前で保存されている。場所がわからなければ、ファイル名をOS標準の検索機能で探してもいいだろう

第 2 章

Excel自動化に不可欠なVBAの基本を知っておこう

本章では、VBAを使ったマクロ作成に必要な知識を解説します。まずはコードを書くためのエディター「VBE (Visual Basic Editor)」の使い方をマスターしましょう。コードを入力する部分は、Windows付属の「メモ帳」並みの機能しかないので、使い方は難しくありません。モジュールを挿入して、順番にコードを書いていくだけです。
本章の後半では、マクロのカスタマイズに必要なプログラミングの知識をコンパクトにまとめてあります。プログラミングには、オブジェクト、プロパティ、メソッドといった専門用語への理解がどうしても必要です。正確かつ完全に理解する必要はありませんが、「オブジェクトを選択して」という記述でいちいち立ち止まっているようでは、プログラミングの解説を読むのはかなり辛いでしょう。雰囲気だけでもいいので、「だいたいこんなものだ」程度に理解しておくようにしてください。
専門用語がある程度理解できれば、制御構文も知っておきましょう。大量のデータを処理するためには、どうしても繰り返し処理が必要になります。そのときに、制御構文が必要になるのです。ここまでマスターすれば、本書に掲載したマクロを理解するための下地はできたことになります。

2 / 01

本格的なマクロ作成は VBEの活用から始まる!

「マクロの記録」機能を使わず、マクロを本格的に作成したいなら、VBAによるプログラムの作成にステップアップしましょう。VBAはエディター「VBE」で作成したり、編集したりできます。ここでは基本事項を紹介します。

マクロのカスタマイズにもVBEは必須

前章では「マクロの記録」でマクロを作成する方法を紹介しました。工夫次第では十分実用に耐えるマクロが作れますが、それでもすぐに限界が来てしまいます。また、いったん「マクロの記録」機能で作成したマクロを修正したい場合、いちいち最初からやり直すのも面倒です。

そこで、**マクロを最初から作成できるエディター「VBE」(Visual Basic Editor)の使い方を覚えましょう**。VBEはExcelに付属しており、改めてインストールする必要はありません。

VBEはExcelから呼び出すことができます。

[開発] タブからVBEを呼び出す

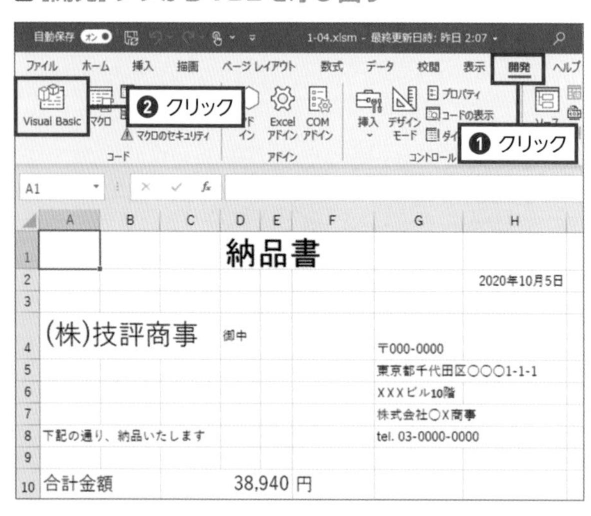

前章で作成した、マクロを含んだブックを開いてみよう。[開発] タブ(❶)の[コード] グループで [Visual Basic] をクリック(❷)。あるいは、ショートカットキーの Alt + F11 を押してもよい

VBEのウィンドウが表示された

VBEのウィンドウで、覚えておくべき名称は多くない。左上のプロジェクトエクスプローラー(❶)と右上のコードウィンドウ(❷)は頻繁に使用する。左下のプロパティウィンドウ(❸)と右下のイミディエイトウィンドウ(❹)は、本書では使用しない

❶ プロジェクトエクスプローラー

現在開いているブックやシートの構成、組み込まれているマクロが表示されます。[標準モジュール]の下に表示されている[Module1]というのがマクロのコードを主に記述する場所で、1つのブックにマクロを複数登録すると、数が増えることがあります。コードウィンドウが表示されていない場合や、別のコードが表示されている場合は、[標準モジュール]→[Module1]などをダブルクリックします。

❷ コードウィンドウ

ここに表示されるのが、マクロ本体のコードです。自由に中身を編集して、マクロの動作を変更できます。

❸ プロパティウィンドウ

プロジェクトエクスプローラーで選択した項目のプロパティなどを設定します。本書では使用しません。

❹ イミディエイトウィンドウ

マクロの動作確認をしたり、簡単なコードを実行したりするのに利用します。本書では使用しません。

■標準モジュールを追加する

まず用語について整理しておきます。「モジュール」とは、マクロのコードを記述する場所です。通常、マクロは「標準モジュール」と呼ばれる、ブック全体に属するモジュールに記述します。また、特定のシートにのみ関係するマクロは「シートモジュール」に、ブックを開いたときに実行するマクロは「ブックモジュール」に記述します。

マクロを含んでいないブックには標準モジュールが存在しません。もし**マクロをVBEで記述したいなら、ブックにまず標準モジュールを追加する必要があります**。

■VBEでモジュール追加の作業を実行する

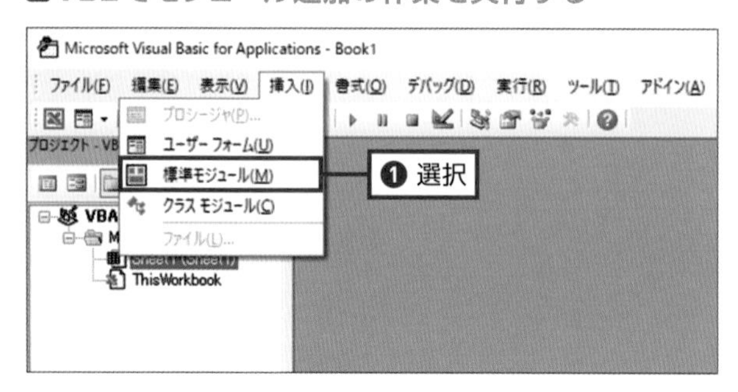

VBEを表示して、[挿入]メニュー→[標準モジュール]を選択する(❶)。なお、[ユーザーフォーム]と[クラスモジュール]は本書では扱わない

■標準モジュールが追加された

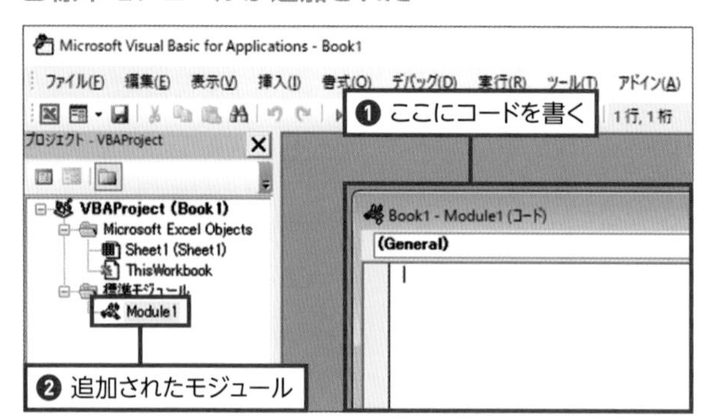

コードウィンドウにウィンドウが表示された(❶)。また、プロジェクトエクスプローラーに標準モジュールが追加された(❷)

POINT

保存後のブックがマクロを含んでいるかどうかは、拡張子で簡単に見分けられます。「.xlsx」ならマクロを含まず、「.xlsm」ならマクロを含んでいます。

標準モジュールを削除する

マクロ付きブックからマクロを削除して、通常のブックに戻したいときなど、マクロを削除してしまいたいときはどうすればいいのでしょうか。

マクロの削除は、[開発]タブの[コード]グループで[マクロ]をクリックして、[マクロ]ダイアログを表示し、[削除]をクリックします。ただ、どんなマクロか、中身を確認してから削除したい場合は、VBEで削除するといいでしょう。

削除したいモジュールを指定する

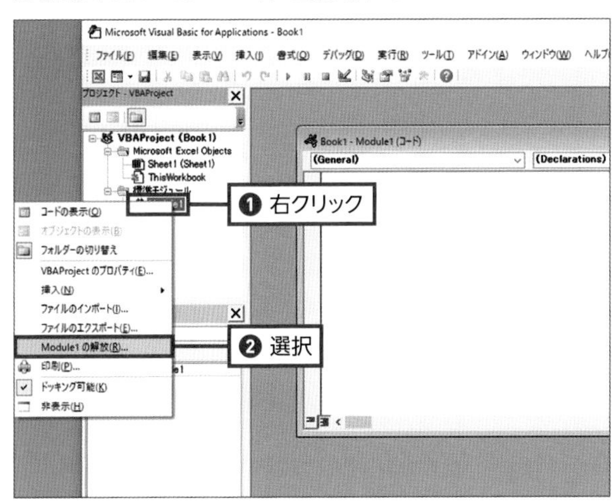

コードウィンドウで確認するなどして、削除したいマクロを特定できれば、プロジェクトエクスプロラーで削除しよう。ここでは[Module1]を削除したいので、[標準モジュール]→[Module1]を右クリックして(❶)、[Module1の解放]を選択する(❷)

エクスポートするかを尋ねられる

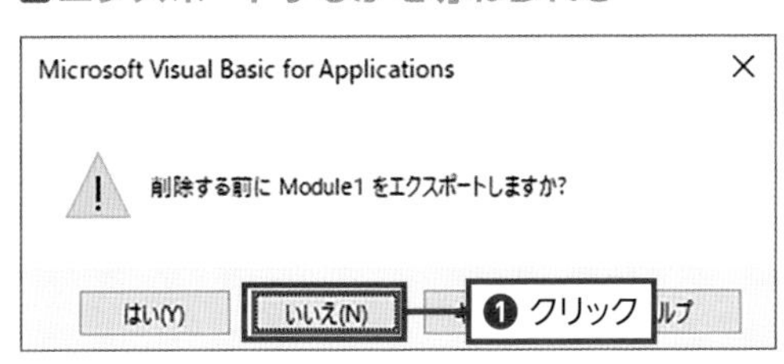

[Microsoft Visual Basic for Applications]ダイアログが表示される。マクロをエクスポートして単体で保存するかを尋ねられるので、[いいえ]をクリック(❶)

時短 10分

VBAの基本の流れを押さえておく

本書では、マクロを最初から作っていくよりもサンプルをカスタマイズして使用することを目標としています。しかし、全体の流れを簡単にでも知っておいたほうが効率的なので、ここでは最初から入力してみます。

マクロを書いていこう

本書では、体系的で正確な解説を目指すよりも、親しみやすく手を付けやすい順番に説明していきます。おおまかなルールを解説したところで、あとは実際にコードを書きながら学んでいきましょう。

実際の手順に入る前には、必ずブックをバックアップしておくようにします。マクロの実行結果はアンドゥできません。自動保存機能がオンになっていると、元に戻せないこともあります。

では、マクロ作成の手順をざっと説明します。

❶ モジュールを挿入する

ブックに登録されているマクロ全体を「プロジェクト」と呼びます。プロジェクトには、標準モジュールやそのほかのモジュールが属します。

ここでは、コードを書いていくための場所として、標準モジュールを挿入します。標準モジュールに書いたマクロは、ユーザーが実行するまで動作しません。

❷ Subプロシージャを作成する

標準モジュールにマクロのコードを書く前に、まず大枠であるSubプロシージャを作成します。

Subプロシージャとは、モジュールの中に登録できる、それぞれのマクロのことだと考えてください。Subプロシージャは「Sub マクロ名( )」で始まり、「End Sub」で終わります。なお、Subプロシージャ以外のプロシージャもありますが、ここでは触れません。

❸ ステートメントを入力する

ステートメントとは、たとえばセルを削除したり、値を代入したり、印刷したりする処理のことです。Subプロシージャ内に必要なだけ記述することができます。

❹ 実行して動作確認する

うまく動作するか、実際にマクロを実行してみます。

❺ ボタンやショートカットで利用できるようにする

動作確認が終われば、マクロをボタンに割り当てたり、ショートカットキーを割り当てたりして、使いやすくします(P.30参照)。

POINT

本書では、第4章までは標準モジュールを利用しますが、第5章では標準モジュール以外も使用します。何らかのきっかけ(イベントといいます)で動作するイベントプロシージャは標準モジュール以外に記述します。「ブックを開いたときに必ず実行したい」といったマクロは、標準モジュールに登録してボタンで毎回実行するより、イベントプロシージャで自動的に実行するほうが便利でしょう。

POINT

Subプロシージャと聞くと、「メインのプロシージャはどれか」と思うかもしれません。Excelがメインで、マクロがサブなので、「Sub」だと考えておいてください。

手順を追ってマクロを作成する

では、実際にマクロを作って、実行してみましょう。最初なので、じっくり手順を追っていきます。マクロの機能は、セルA1に文字列を入力するだけの単純なものです。なお、コード入力時に字下げてしていますが、字下げしなくてもマクロは動作します。しかし、字下げしておかないと、コードのまとまりがわからず、あとから非常に読みづらくなります。必ず字下げするようにしましょう。

標準モジュールを追加する

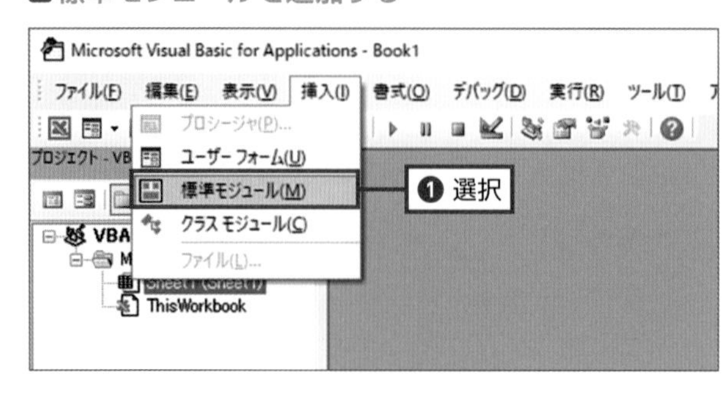

あらかじめ新しいブックを作成しておく。VBEを表示して(P.38参照)、[挿入]メニュー→[標準モジュール]を選択する(❶)

コードウィンドウが表示された

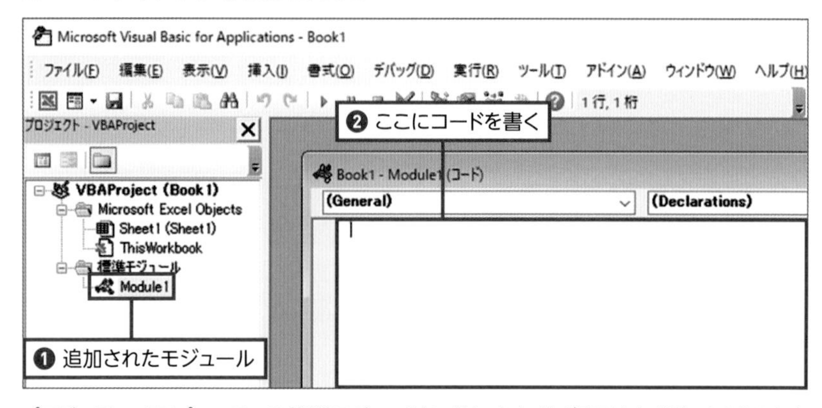

プロジェクトエクスプローラーの[標準モジュール]に[Module1]が表示され(❶)、VBEの右上の部分に[Module1]のコードウィンドウが開かれた。ここにコードを書いていく(❷)。ここでは、マクロを新規作成しているので何も表示されないが、サンプルの編集時などはコードが表示される。もしコードウィンドウを閉じてしまったときは、[Module1]をダブルクリックすればよい

マクロ名を入力する

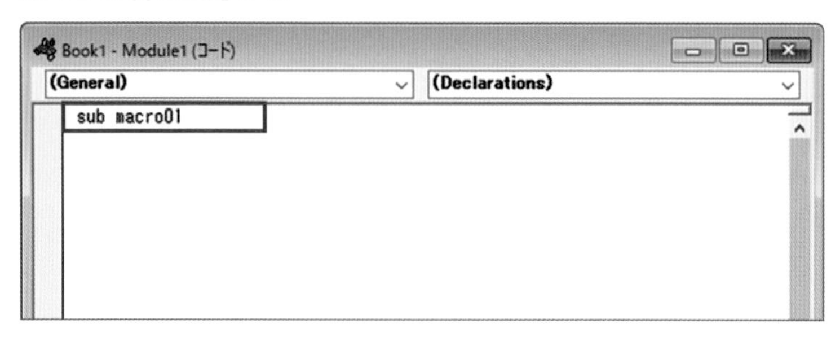

コードウィンドウに半角で「sub macro01」と入力し、Enterキーを押す。このあと、英数字や記号はすべて半角で入力する

Subプロシージャの大枠が作成される

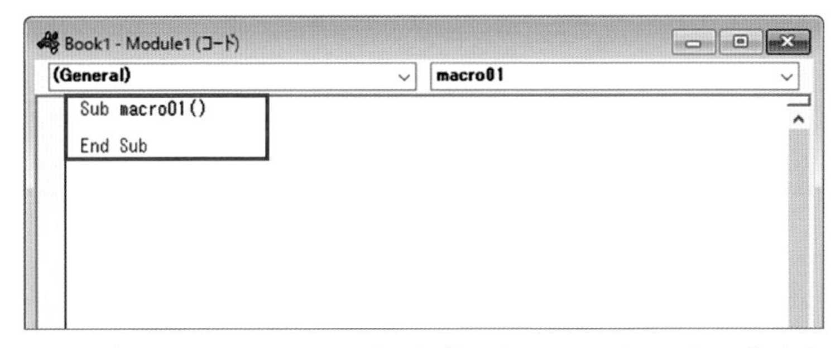

カーソルが次の行に移動するとともに、「sub」が「Sub」に変わり、1行目の末尾に「( )」が、3行目に「End Sub」が自動的に挿入される。「Sub マクロ名( )」と「End Sub」の間にステートメントを書いていく

ステートメントを入力する

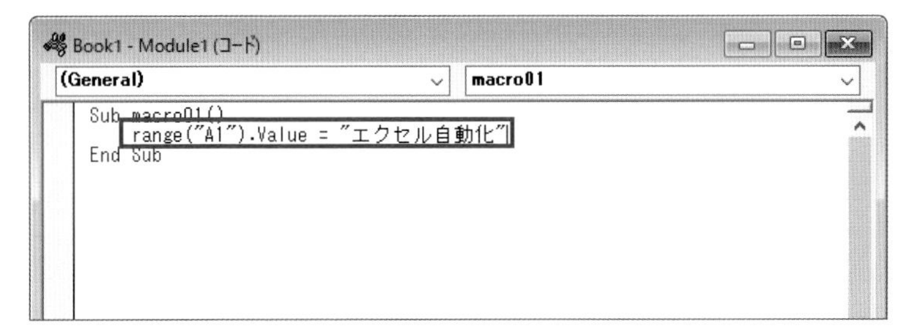

Tab を押して字下げしてから、「range("A1").value = "エクセル自動化"」と入力した(「エクセル自動化」以外はすべて半角)。また、RangeとValueは先頭が大文字なのが正しいが、すべて小文字で入力してよい。ただし、途中で先頭が大文字になることがある。ここではValueの先頭を小文字で入力したが、途中で自動的に大文字に修正された。入力できたら、Enter キーを押す

カーソルを別の行に移動する

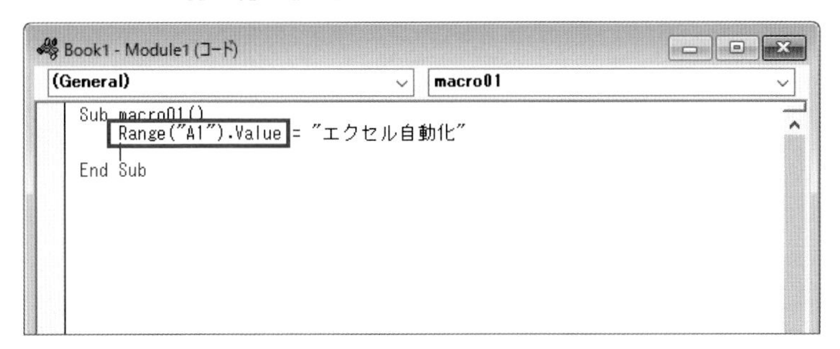

「Range」「Value」ともに、先頭が大文字に自動的に変換された。正しい綴りで入力すると、カーソルを別の行に移動したときに変換される。このあと、Excelに戻るが、VBEを閉じる必要はない

マクロを実行する

作成できたばかりのマクロを実行してみよう。Excelで[開発]メニューの[コード]グループで[マクロ]をクリックして、[マクロ]ダイアログを表示する。先ほど入力した名前のマクロが表示されているはずなので、選択して(❶)[実行]をクリック する(❷)

文字が入力された

セルA1に指定した文字列が入力された。セルA1以外がアクティブセルであっても、セルA1に入力されることに注意。また、セルA1に別の文字列が入っていても、マクロで指定した文字列に書き換えられる

マクロ内にコメントを入力する

マクロが複雑になってくると、自分で書いたコードであっても、ぱっと見ても何をやっているステートメントなのかがわかりづらくなってきます。ほかの人にとっては、さらに中身が理解しづらいので、ちょっとしたカスタマイズや間違いの修正も難しくなります。そのため、どういう処理をしているのか、できるだけマクロ内にコメントを残すようにしましょう。

半角のシングルコーテーション「'」が入力されれば、そこから行末までをコメントとして認識します。マクロのテスト時などで一時的に実行したくないステートメントがあれば、コメントにすることで実行しないという使い方もあります。

コメントを入力する

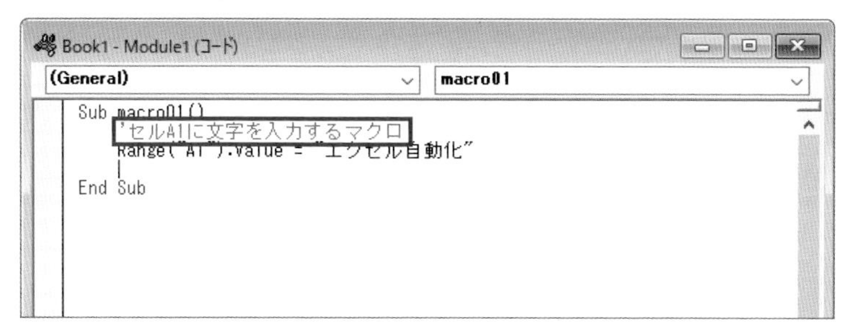

再びVBEに戻る。コメントは、半角のシングルコーテーション「 '」から始める。カーソルをほかの行に移動すると、文字が緑色に変化してコメントであることがわかる

長い行を分割する

1行が長くなってきたら、コードが読みやすいように途中で分割する機能を使ってみましょう。半角のスペースとアンダースコア「_」を入れて改行すると、改行せずに1行に書いたのと同じ結果が得られます。

1行を分割する

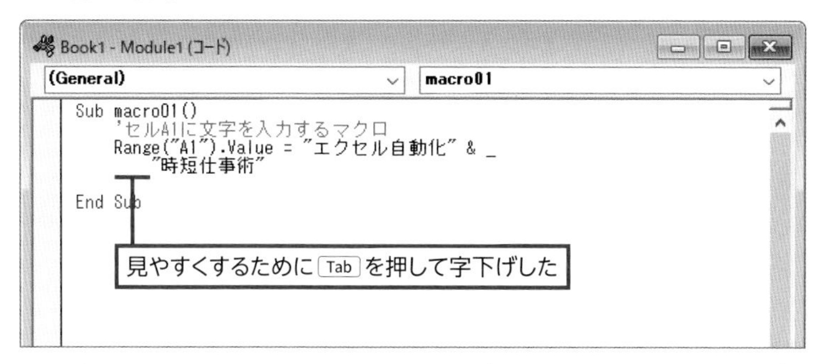

1行に書くべきステートメントを途中で切って、アンダースコア「_」でつないだ。アンダースコアの前には半角スペースを入力する。「Range("A1").Value = "エクセル自動化" & "時短仕事術"」と1行で書くのと同じ結果が得られる。ちなみにアンパーサンド「&」は文字列をつなぐための演算子だ

ATTENTION

コードを字下げする場合、ここでは Tab を押していますが、Tab を押すと半角スペースが4つ入力されます。Tab の代わりに スペース を押して半角スペースを入力しても同じことですが、通常は Tab を使います。

2 / 03

時短 15 分

マクロのカスタマイズに必要な用語を知っておく

ここでは、本書で紹介するマクロをカスタマイズする際に役立つ知識を中心に解説します。一度にすべてを覚える必要はありません。第3章以降を読んで、よくわからないところがあれば、ここに戻ってください。

用語を知っておく

プログラミングには、専門用語がいろいろと出てきます。ここでは、前節で入力した単純なステートメントをベースに簡潔に説明します。セルA1に「Excel自動化」と入力するものです。上下の「Sub ~」と「End Sub」は省略していることに注意してください。

```
Range("A1").Value = "エクセル自動化"
```

オブジェクトとプロパティ

「=」の左側をまず考えます。

上のステートメントでは「Range」をオブジェクト、「Value」をプロパティといいます。オブジェクトとは操作などの対象になるもののことです。プロパティは性質などを指します。「Range("A1")」は「セルA1というセル範囲」、「Value」は「値」、「Range("A1").Value」は「セルA1というセル範囲の値」という意味です。「. 」は、いろいろな要素をつなぐための記号だと理解しておいてください。

なお、オブジェクトによって、利用できるプロパティは変わります。

オブジェクトとコレクション

オブジェクトの指定方法をもう少し見ていきましょう。複数セルの範囲をオブジェクトとして指定したい場合は、以下のようにします。

```
Range("A1:C2")
```

これでA1からC2の範囲を指定できました。Excelの関数に馴染みがあれば、すぐにわかるでしょう。

ここで紹介した指定方法では、アクティブなシートのセルA1やセルA1:C2がオブジェクトとして指定されます。アクティブではないシートを指定する場合は、以下のようにシート名を使います。

```
Worksheets("Sheet1").Range("A1")
```

これで「Sheet1」シートのセルA1が指定できました。「Worksheets」はコレクションと呼ばれ、シート名を指定するときなどに使います。

同様に、ブック名を指定するときは「Workbooks」というコレクションを使います。

```
Workbooks("Book1.xlsm").Worksheets("Sheet1").Range("A1")
```

これで「Book1.xlsm」というブックの「Sheet1」というシートのセルA1が指定できます。なお、シート名で指定するのではなく、左端のシートを指定したい場合は「Worksheets(1)」とします。左から2番めのシートは「Worksheets(2)」となります。

POINT

コレクションは、同じオブジェクトをまとめたものをいいます。抽象的な概念なので、やや理解しにくいかもしれません。この段階では使い方を知っておけば十分でしょう。

ATTENTION

「Workbooks」というブックのコレクションの上位には、Applicationオブジェクトが存在します。ただし、通常、記述は省略します。ほかのアプリのマクロを呼び出すときには記述しますが、本書では第5章でアウトルックを操作するときに使っています。

■「=」の意味

さて、最初のステートメントに戻ります。

```
Range("A1").Value = "エクセル自動化"
```

まず、ダブルコーテーション「"」で挟まれた文字は変数ではなく、文字列として認識されます。このステートメントでは、「A1」と「エクセル自動化」が文字列として扱われています。

では、この「=」の意味は何でしょうか。数学のように「左辺と右辺が等しい」ことを表しているわけではなく、右側の値を左側に代入する、という操作を表しています。つまり、このステートメントは「セルA1の値に"エクセル自動化"という文字列を代入する」という意味なのです。

■メソッドとは何か

ここまでで、オブジェクトのプロパティを変更できるようになりました。たとえば、多少ステートメントが複雑になりますが、セルの背景色を変更したり、文字のフォントを変更したりできます。

次に知っておきたいのは、オブジェクトに対する命令を表すメソッドです。例を見てみましょう。

```
Range("A1").Select
```

最後の「Select」は、オブジェクトを選択してアクティブにする、という命令です。これをメソッドと呼びます。メソッドは、オブジェクトによって利用できるものが異なります。Rangeオブジェクトに対して利用できるオブジェクトには、「ClearContents」(数式と値を削除する)、「Clear」(数式・値・書式などすべてを削除する)、「Delete」(セルそのものを削除する)などがあります。「Select」に代えて、メソッドをいろいろと指定して、結果を見てみるといいでしょう。

```
ActiveWorkbook.Save
```

次は、P.26で紹介したマクロに含まれるステートメントです。「ActiveWorkbook」は最前面に表示されているブックを表すオブジェクト、「Save」はそれに対するメソッドで上書き保存を表します。そのため、このステートメントを実行すると、アクティブなブックを上書き保存できます。

メソッドは引数を取ることができる

メソッドは、動作の対象や方法を指定するための引数(ひきすう)を取ることができます。引数とは、数学の関数f(x)の「x」にあたるものですが、やや意味が広いといえます。例を見てみましょう。P.24で記録したマクロのステートメントです。サンプルのブックを開いて、VBEで標準モジュールを表示します。すると、以下のコードが見つかるはずです。

```
ActiveWindow.SelectedSheets.PrintOut Copies:=1, _
    Collate:=True, IgnorePrintAreas:=False
```

「ActiveWindow.SelectedSheets」はオブジェクトで、アクティブなウィンドウで選択したシートを指します。「PrintOut」はメソッドで印刷命令を意味します。ここからあとが引数で、「Copies:=1」で印刷部数を1とし、「Collate:=True」は部単位で印刷、「IgnorePrintAreas:=False」は印刷範囲が設定されているとき、それにしたがって印刷することを意味します。

たとえば、「Copies:=2」とすれば2部印刷できます。その際、「Collate:=False」とすれば、ページ単位で印刷されます。

ATTENTION

マクロ名には日本語のかなや漢字も使えます。「Sub」の後ろの文字列を変更すると、マクロ名が変更できます。「macro01」などではわかりづらいので、動作を確認できれば、内容を表す文字列に変更しておくといいでしょう。なお、マクロ名にはいろいろな規則がありますが、先頭に数字や記号を使わないこと、使える記号は「_」のみ、ステートメントで出てくるVBAのキーワードの多くは単独で使用不可であることを覚えておきましょう。

2 / 04

時短30分

マクロの理解に必要な文法を知っておく

マクロを目的に合わせてカスタマイズするには、文法をある程度は知っておかねばなりません。ここでは、制御構文を中心にいくつか紹介しておきます。書いてあるコードの文法が理解できるようにしましょう。

マクロの動作の理解には制御構文への理解が必須

現在使われているプログラムはいくら複雑なものであっても、大半が**「順次実行」「条件分岐」「繰り返し」の3つで構成されています**。これはVBAに限らず、ほかのプログラミング言語が使われている場合も同じです。

「順次実行」とは、プログラムに記載された順番どおりに処理を実行することです。「条件分岐」は、あらかじめ定めた条件に合うかどうかで異なる処理を実行することをいいます。また、「繰り返し」は、あらかじめ定めた条件を満たす（あるいは、満たさなくなる）まで、処理を反復することです。

「条件分岐」と「繰り返し」を実行したいときは、ここで紹介する制御構文を利用します。

条件分岐「If」「Select Case」

条件分岐を表す際にもっともよく使われるのが「If」です。構文は以下のとおりです。

```
If 条件 Then
  処理
End If
```

条件が満たされたときに、処理に書かれた内容が実行されます。条件が満たされないときは、何も実行されません。では、条件が満たされないときに別の処理を実行したいときはどうすればよいでしょうか。

```
If 条件 Then
  処理A
Else
  処理B
End If
```

今度は条件が満たされていれば処理Aが実行され、満たされていなければ処理Bが実行されます。次に、複数の条件を設定したいときはどうすればよいでしょうか。コードを書く前に、簡単にロジックを整理しておきます。

- 条件Aが満たされれば、処理Aを実行
- 条件Aが満たされず、条件Bが満たされれば、処理Bを実行
- 条件Aが満たされず、条件Bも満たされなければ、処理Cを実行

では、これをコードにしてみましょう。前に挙げた条件が満たされないときに、新たに条件を追加したいときは「Else If」を使います。

```
If 条件A Then
  処理A
ElseIf 条件B Then
  処理B
Else
  処理C
End If
```

なお、実際のプログラミングでは、条件Aと条件Bを記述する順番が異なると結果も異なることがあるので、注意してください。

⚠ ATTENTION

実際のプログラミングでは、このようにロジックを整理することがプログラム制作作業の大きな割合を占めます。ロジックに誤りがあると、いくら文法的に正しいコードを書いても、結果も不適切になってしまいます。

ここで、条件が3つ以上あった場合を考えてみます。もし変数iの値がa、b、cのいずれかに当てはまったとき、それぞれ別の処理を実行したいな

ら以下のように記述します。なお、以下の「=」は「右辺を左辺に代入する」という意味ではなく、数学の「=」と同様、「i = a」で「iとaが等しい」という意味を表す比較演算子です。

```
If i = a Then
  処理A
ElseIf i = b Then
  処理B
ElseIf i = c Then
  処理C
Else
  処理D
End If
```

処理Dは、変数iがa、b、c以外のときに実行する内容です。

上に挙げたコードでまったく問題ありませんが、同じような条件式「i = ○」が何回も出てきます。これを避けるための構文が「Select Case」です。上のコードを書き換えてみます。

```
Select Case i
  Case a
    処理A
  Case b
    処理B
  Case c
    処理C
  Case Else
    処理D
End Select
```

処理Dは、変数iがa、b、c以外のときに実行する内容です。

「If」を使うより、若干見通しがよくなりました。また、「Case a,b,c」のように「Case」のあとに複数の値を置くなど、複雑な指定も可能ですが、本書では割愛します。

■繰り返し「For...Next」

繰り返しに使われるステートメントはいくつかありますが、もっとも基本的なのが「For...Next」です。まずは構文を見ておきましょう。

```
For 変数 = 初期値 To 終了値 Step 間隔
  処理
Next
```

変数に初期値を代入して処理を行い、初期値に間隔で設定した値を加えて、再度処理を実行します。変数に入る値が終了値に達したら、処理を実行せず、「Next」の次の行に移ります。なお、「Step 間隔」の部分は省略でき、省略すると初期値から終了値まで1ずつ増やしながら、処理を実行します。

「For...Next」は重要で、しかも初心者にはわかりにくいので、簡単な実例を挙げます。

2-04-01.xlsm

```
Sub ForStTest( )
  Dim i As Long  '繰り返し用カウンター

  For i = 1 To 5
    Cells(i, 1).Value = i * 10
  Next
End Sub
```

まず、Cellsプロパティのことを説明しておきます。P.48でセルを指定するのにRangeプロパティを使いましたが、Cellsプロパティもほぼ同じ機能を持っています。ただし、Rangeプロパティが「A1」や「A1:C5」など文字列で指定するのに対して、Cellsプロパティは行と列を数値で指定します。たとえば、セルC5は5行目で3列目のセルを指すので、「Cells(5, 3)」で指定できます。

2-04-01.xlsmのコードを実行すると、まず変数iに「1」が代入され、「Cells(1, 1) = 1 * 10」が実行されるので、セルA1の値は「10」になります。次に、変数iには「2」が代入されて、セルA2の値は「20」になります。以下、変数iに「5」が代入されるまで繰り返され、次の結果が得られます。

	A	B	C	D	E	F
1	10					
2	20					
3	30					
4	40					
5	50					

セルA1からA5まで数値が代入された

複雑なコードでも、変数に初期値から順番に数値を代入して、どういう処理が実行されるのかを追っていけば、「For...Next」ステートメントは理解できるはずです。

■繰り返し「For Each...Next」

「For Each...Next」は、セル範囲やコレクション、配列に対して処理を実行するためのステートメントで、順序を問わず、特定のグループに同じ処理を行いたいときに使います。構文は以下のとおりです。

```
For Each 変数 In セル範囲や配列など
    処理
Next
```

たとえば、「In Range("A1:C2")」というセル範囲を指定すると、まず変数にセルA1のオブジェクトを代入して処理を実行します。そのあと、同様にB1、C1、A2、B2、C2のオブジェクトを変数に代入して処理を行います。

また、「In Worksheets」とコレクションを指定すると、そのブックの各々のワークシートのオブジェクトを変数に代入して処理を実行します。配列については、後述します。

なお、変数に代入する順番は、セル範囲なら行単位で左から右へ、次の行に移って左から右へとなります。ワークシートのコレクションを「In Worksheets」と指定すれば、左端のシートから右に向かって順番に処理します。ただし、仕様上は順序は決められていないので、特定の順番で処理したい場合は、慎重に利用する必要があります。

■繰り返し「Do While...Loop」

「Do While...Loop」は、条件が正しければ、何度でも処理を続けるためのステートメントです。構文は以下のとおりです。

```
Do While 条件
    処理
Loop
```

条件が正しいかどうかを調べて、正しければ処理を実行して、再度条件が正しいかどうかを調べます。もし条件が誤りであれば、「Loop」の下から処理を続行します。この構文を使うときは、必要なだけ繰り返したのち、条件が誤りになるような処理を含めておく必要があります。もし何回処理を繰り返しても条件が誤りになることがないと、無限に処理が続いてしまいます。

なお、条件が正しいかどうかを調べる「While 条件」部分は、以下のように「Loop」のあとに移動することで、処理を少なくとも1回は実行することができます。

```
Do
  処理
Loop While 条件
```

繰り返し「Do Until...Loop」

「Do Until...Loop」は、「Do While...Loop」とは逆に、条件が誤りである間、処理を繰り返します。構文は「Do While...Loop」と同じです。

```
Do Until 条件
  処理
Loop
```

「Do While...Loop」同様、条件が正しいかどうかを調べる「Until 条件」を「Loop」のあとに書くことができます。その場合、処理を少なくとも1回は実行できます。

繰り返しを抜ける「Exit」

特定の条件を満たしたとき、繰り返し構文の中から抜けたい場合は「Exit」ステートメントを利用します。まず「For...Next」から抜けてみます。

```
For i = 1 To 10
  処理
  If 条件 Then
    Exit For
  End If
Next
```

上に挙げたコードでは、変数iに1から10までの数値が順番に代入されて処理が実行されますが、途中で条件が正しければ「Exit For」により、「For」内部の処理を終了して、「Next」の次の行に移ります。

「Do While...Loop」も同様に「Exit」で抜けることができます。

```
Do While 条件A
  処理
  If 条件B Then
    Exit Do
  End If
Loop
```

上に挙げたコードでは、条件Aが正しければ処理が実行されますが、そのあとで条件Bを調べて正しければ、「Exit Do」により「Do While」内部の処理を終了して、「Loop」の下の行に移ります。

コードを短縮する「With」

VBAでは、キーワードを「.」(ピリオド)でいくつもつないだステートメントがたびたび現れます。そのため、まともに記述していると、長い行が何行も続いて、コードの可読性(読みやすさ)が損なわれてしまいます。

共通部分のある複数のステートメントから共通部分を抜き出すことで、なるべく1行を短くするのが「With」の働きです。まず「With」なしで記述してみましょう。

```
オブジェクト.プロパティAの処理
オブジェクト.プロパティBの処理
オブジェクト.プロパティCの処理
```

「With」を使うと、以下のように書けます。

```
With オブジェクト
  .プロパティAの処理
  .プロパティBの処理
  .プロパティCの処理
```

オブジェクトの記述が長くなればなるほど、「With」を使うメリットは大きくなります。

では、簡単な実例を挙げておきます。

2-04-02.xlsm

```
Sub WithStTest()
  Range("A1").Value = "Excel VBA"
  With Range("A1").Font
    .Name = "メイリオ"
    .Size = 26
    .ColorIndex = 3
  End With
End Sub
```

セルA1に「Excel VBA」という文字列が入力されたあと、フォントがメイリオに、文字サイズが26ポイントに、文字色が赤に設定される

変数を宣言する「Dim」

プログラムでは通常、変数がたくさん使われます。「shtNew」や「tblRow」のように、見たときにどんな変数なのかが想像できるような名前の付け方をするといいでしょう。ちなみに、「shtNew」は「new sheet」(新しいシート)、「tblRow」は「row of table」(表の行)を短縮したものです。

VBAでは、使用する変数について「これは変数です」と宣言しておく必要はありません。宣言なしにコードの中にいきなり書いてしまっても、変数だと認識してくれます。しかし、宣言がないと変数の綴りをミスしたときに別の変数だと認識されてしまうため、エラーが生じないのに結果が間違っている、という事態に陥りかねません。一方、宣言しておくと、綴りをミスしたときにエラーが生じてミスに気付きやすくなります。

そのため、本書では基本的にすべての変数を「これは変数です」と宣言してから使っています。変数を宣言するには、以下の構文を用います。

```
Dim 変数 As データ型
```

「データ型」というのは、変数の中にどんな値が入るのかを指定するものです。省略することも可能ですが、どんな値でも入れられるVariant型を選んだことになるため、代入ミスに気付きにくくなります。できるだけ指定しましょう。

変数のデータ型のうち、まずは以下のものを知っておくといいでしょう。

指定方法	データ型	代入可能な値
Long	長整数型	-2,147,483,648 ～ 2,147,483,647
Single	単精度浮動小数点数型	小数点を含む数
String	文字列型	文字列なら何でもよい
Boolean	ブール型	TrueまたはFalse
Date	日付型	100年1月1日から9999年12月31日まで
Object	オブジェクト型	どんなオブジェクトでもよい
Variant	バリアント型	すべての型

Single型でとり得る値は、正確には負なら-3.402823E38から-1.401298E-45まで、正なら1.401298E-45から3.402823E38まで

上に挙げたデータ型の中では、「Long」「String」「Variant」の3つは特によく使うので、覚えておきましょう。最初は、数値を入れる変数にはLong、文字列を入れるならString、セル範囲やワークシートなどを入れるならVariantと覚えておけば十分です。

宣言していない変数をプログラム内で使用できないようにしたいなら、コードの先頭に「Option Explicit」というステートメントを書きます。このステートメントを毎回書くのは面倒なので、以下の設定を行っておきます。なお、本書ではこの設定を実行した状態でコードを編集しています。

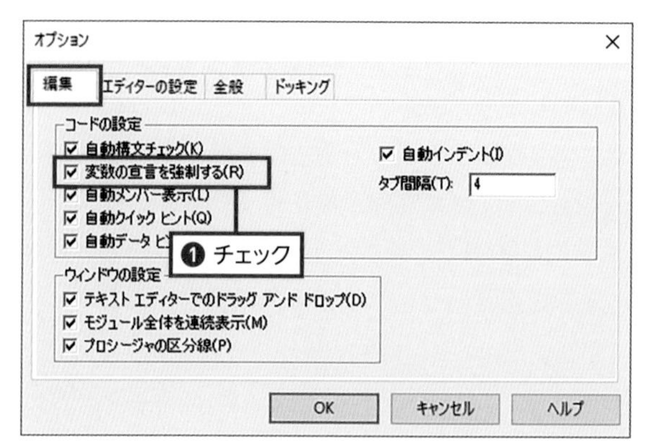

VBEの[ツール]メニューから[オプション]を選択し、[オプション]ダイアログを表示する。[編集]タブで[変数の宣言を強制する]にチェックを付ける(❶)

定数を宣言する「Const」

変数は、プログラムの中でいつでも別の値に書き換えることができます。これに対して、いったん値を決めたら、プログラムの中で変更しない値があります。これを定数と呼びます。構文は以下のとおりです。

```
Const 定数 As データ型 = 値
```

定数を使わず、数値や文字列などをそのままプログラムの中に書いてもかまいません。ではなぜこんな仕組みがあるかというと、うっかり途中で値を変更してしまうコードを書いたときに、エラーが生じてミスを教えてくれるからです。

使い方の例として、消費税率を含んだ計算を考えてみましょう。いちいち金額に「0.1」を乗じていれば、消費税率が変わったときにマクロ内の「0.1」をすべて書き換える必要が生じます。

しかし、定数「csTax」を宣言して「0.1」を代入し、マクロの中では「0.1」の代わりに定数「csTax」を使っておけば、消費税率が変わったときに修正するのは、最初の「0.1」を代入するステートメント1行だけで済みます。

配列で変数をセットで扱う

配列は、別名を配列変数といい、変数をセットにして扱うための仕組みです。たとえば、「1月」「2月」「3月」……といった文字列をそれぞれ別々の変数に格納することはもちろん可能です。

```
jan = "1月"
feb = "2月"
mar = "3月"
  ⋮
dec = "12月"
```

ただし、上で挙げたように、ひとかたまりの値を別々の変数に格納してしまうと、何らかの処理をするときに変数をすべて記述する必要があります。全部の文字列を連結してみましょう。

```
monAll = jan & feb & mar & （中略） & dec
```

変数が12個なら、まだ変数を並べることも可能ですが、1000個、10000個となると、とても記述できないでしょう。そういうときに配列を使います。配列を使えば、繰り返しを簡単に記述することができます。

配列は「monNum(1)」のように、末尾にカッコ付きの数字（添字といいます）を配置します。また、そもそも変数なので、宣言してから使います。

```
Dim monNum(11) As String
```

これで、monNum(0)からmonNum(11)までの12個の要素が用意できました。カッコ内の数字をインデックス番号といいますが、0から始まることに注意してください。1から始めるオプションや任意の数字からスタートする記述方法も用意されていますが、本書では割愛します。

では、先にやったように文字列を12個の要素に格納して、結合してみましょう。

```
Dim monNum(11) As String
monNum(0) = "1月"
monNum(1) = "2月"
monNum(2) = "3月"
   ⋮
monNum(11) = "12月"

For i = 1 To 12
  monAll = monAll & monNum(i - 1)
Next
```

これで、monAllにはmonNum(0)からmonNum(11)までの値がすべて連結して格納されます。

もう少し現実的な例を考えてみましょう。今度はそのまま動作するマクロを紹介します。

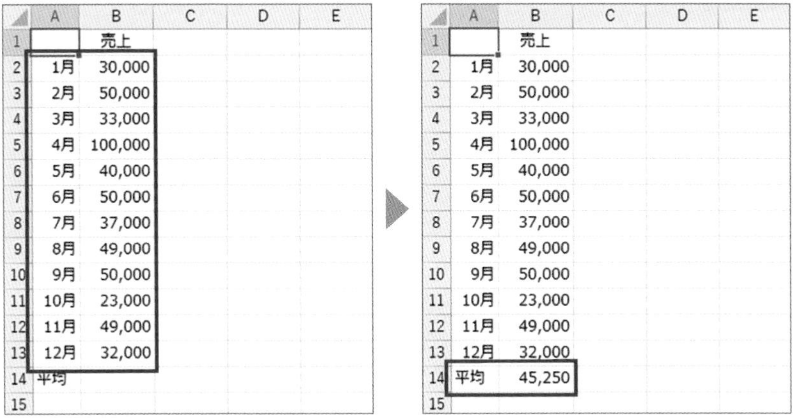

	A	B	C	D	E
1		売上			
2	1月	30,000			
3	2月	50,000			
4	3月	33,000			
5	4月	100,000			
6	5月	40,000			
7	6月	50,000			
8	7月	37,000			
9	8月	49,000			
10	9月	50,000			
11	10月	23,000			
12	11月	49,000			
13	12月	32,000			
14	平均				
15					

▶

	A	B	C	D	E
1		売上			
2	1月	30,000			
3	2月	50,000			
4	3月	33,000			
5	4月	100,000			
6	5月	40,000			
7	6月	50,000			
8	7月	37,000			
9	8月	49,000			
10	9月	50,000			
11	10月	23,000			
12	11月	49,000			
13	12月	32,000			
14	平均	45,250			
15					

12カ月分の売上の値が並んでいる。この平均をセルB14に表示したい。通常はマクロを使わず、「=AVERAGE(B2:B13)」という関数をセルB14に入力するが、ここではあえてマクロでやってみる

2-04-03.xlsm

```
Sub ProceedsAverage()
  Dim proc(11) As Long      '各月の売上を格納する配列
  Dim i As Long             '繰り返し用カウンター
  Dim sumProc As Long       '各月の売上の合計
  Dim aveProc As Single     '各月の売上の平均

  For i = 1 To 12
    '配列procに各月の売上を格納
    proc(i - 1) = Cells(i + 1, 2).Value
    '各月の売上の合計を求める
    sumProc = sumProc + proc(i - 1)
  Next

  '売上の合計を12で割って平均を求める
  aveProc = sumProc / 12
  Range("B14").Value = aveProc
End Sub
```

実際には、12カ月分の売上の平均を求めるのに、こんな回りくどいやり方はしませんが、数行おきに計算する場合や条件分岐がある場合は関数だけで考えるより、慣れればずっとシンプルに考えられます。

ロジックとしては、セルB2からセルB13までの値を配列proc(0)からproc(11)に格納して合計を求めます。そして、12で割って平均値を求め、セルB14にコピーしています。注目してほしいのはセルB2からセルB13

までの値を「For...Next」内部で読み取っていることです。もし配列を使わなければ、「For」以下は、次のようになります。

```
jan = Range("B2").Value
feb = Range("B3").Value
mar = Range("B4").Value
  ⋮
dec = Range("B13").Value

sumProc = jan + feb + mar +(中略)+ dec
aveProc = sumProc / 12
```

合計と平均を求める部分は配列を使ったコードとほとんど同じですが、各変数に代入するところが異なります。配列を使わなければ、変数ごとに値を格納するステートメントが必要になります。つまり、計算したい値が1万あれば、変数に値を格納するステートメントは1万行になるわけです。これでは、マクロを使う意味はなくなってしまいます。

このように、配列は多くの値を扱うマクロにとって、なくてはならない仕組みです。本書に掲載したマクロにも頻繁に出てきます。ぜひ理解しておいてください。

要素数を決めずに配列を定義する

配列を定義する際に、要素がいくつ必要かがわからないことがあります。また、途中で要素の数を変更できると便利なときもあるでしょう。そんなときは、「Dim monNum()」のようにカッコ内の数字を省略して要素数を決めずに配列を定義します。ただし、配列に値を格納する前には、必ず要素数を決める必要があるので、ReDimステートメントで決めます。

```
Dim monNum() As String
ReDim monNum(2)
```

最初にDimステートメントでmonNumという配列が定義されますが、カッコの中を空にすることによって、要素数を未定としています。次のReDimステートメントで、インデックス番号の最大値を2と決めています。ここで、monNumという配列は、0から2までの3つの要素を含むことがわかります。あとは、すでに紹介したような方法で配列に値を格納します。

なお、上のように配列の定義とReDimステートメントが近いと気付かないかもしれませんが、「ReDim monNum(i)」のようにインデックス番号に変数を使ったり、マクロの中で配列の要素数を変更したりしたいときには、大変便利な仕組みです。

ただし、ReDimステートメントには注意点があります。次のコードを見てください。

```
Dim monNum() As String
ReDim monNum(2)

monNum(0) = "1月"
monNum(1) = "2月"
monNum(2) = "3月"

ReDim monNum(3)
monNum(3) = "4月"
```

途中でmonNumの要素数を4つに増やして、monNum(3)に「4月」という値を格納しました。これで、monNum(0)からmonNum(3)までの値を順番に取り出すと、「1月」「2月」「3月」「4月」となると思うかもしれません。しかし、やってみればわかりますが、取り出せる値は最後に格納した「4月」だけです。ほかの値は2回めのReDimステートメントで削除されてしまいます。

こういった事態を避けたいなら、「Preserve」というキーワードを使います。

```
ReDim Preserve monNum(3)
```

こうすると、monNum(0)からmonNum(2)までの値も保存されたまま、monNum(3)に値を格納することができます。

配列は、最初は何のために存在する仕組みなのか、わからないかもしれませんが、大量のデータを取り扱うときには必須のものです。少しずつ慣れていくようにしてください。

COLUMN

「マクロの記録」機能はキーボード操作を記録するわけではない

P.28で「Range("A1").Value = "エクセル自動化"」というステートメントを紹介しました。ここで、「"A1"」や「"エクセル自動化"」で使われているダブルコーテーションは、間にあるデータを変数ではなく、文字列として扱うための「しるし」です。もしダブルコーテーションで挟まれていなければ、「A1」や「エクセル自動化」は変数として扱われてしまいます。Rangeプロパティは引数が文字列でなければエラーになるので、ダブルコーテーションは必須ですが、「エクセル自動化」は変数にもなり得ます。

```
Sub 変数テスト()
  Dim エクセル自動化 As String
  エクセル自動化 = "ほげほげ"
  Range("A1").Value = エクセル自動化
End Sub
```

2行目で「エクセル自動化」を変数として宣言し、3行目で「ほげほげ」という文字列を代入しました。すると、4行目でセルA1に変数「エクセル自動化」が代入され、その変数の中身である「ほげほげ」という文字列がセルA1に表示されることになります。

一方、もし4行目の右辺を「"エクセル自動化"」とすれば、セルA1には「エクセル自動化」という文字列が表示されます。

第 3 章

VBAでセルの書式変更や値の編集を便利に行う

いよいよマクロの具体的な紹介に入りますが、まずは書式や値の編集から始めます。Excelでの書式設定は、太字やフォントのサイズ変更など基本的なものを除いて、ショートカットキーは割り当てられておらず、マウス操作が基本になります。ここをうまく効率化できれば、ワークシートの編集作業をかなり時短できます。
また、行や列単位での編集は、なかなか面倒です。たとえば、行挿入するには行を選択して右クリックから［挿入］を選択するか、［ホーム］タブの［セル］グループで［挿入］→［シートの行を挿入］をクリックします。たまに1回だけ実行するなら、そういった操作でかまいませんが、10回、20回と繰り返す必要があれば、この操作はあまりにも時間がかかります。一方、ショートカットキーでは、行選択と挿入の2つの操作が必要です。もしマクロを作ってショートカットキーを割り当てれば、1つの動作で済みます。単純に考えて、かかる時間が半分になるのです。これは、同じ操作を繰り返す回数が増えれば増えるほど、この効果は顕著になってきます。
本章では、文字列にふりがなを振ったり、同じ値の入ったセルに背景色を設定したり、セル結合時に中身の値も結合したり、できるだけ実務の現場で使いそうなものを選んで解説しています。

3 / 01

時短 5 分

本書のコードの利用方法を知っておく

サンプルのマクロ入りブックで、マクロの実行結果がわかったら、次は自分のデータの入ったブックにマクロをコピーして使ってみましょう。コピー&ペーストでできるので、とても簡単です。

VBEでコードをコピー&ペーストする

「はじめに」でも触れたように、本書はVBAをイチから学習するための本ではありません。本書用に用意されたサンプルをカスタマイズし、業務に活かすことを主な目的としています。まずは自分でコードを書き下ろすのではなく、サンプルをコピーして使ってください。

最初に、本書のダウンロードページからサンプルマクロをダウンロードし、実際に動かして動作を確認してみましょう。準備の必要なものもありますが、ほとんどのマクロはExcelで開いて実行すれば、動作内容が確認できるはずです。

動作がわかれば、次は自分のブックにコードをコピーして動かしてみましょう。なお、**自分のブックは必ず操作前にバックアップを取っておいてください**。

■サンプルのマクロ入りブックでコードを表示する

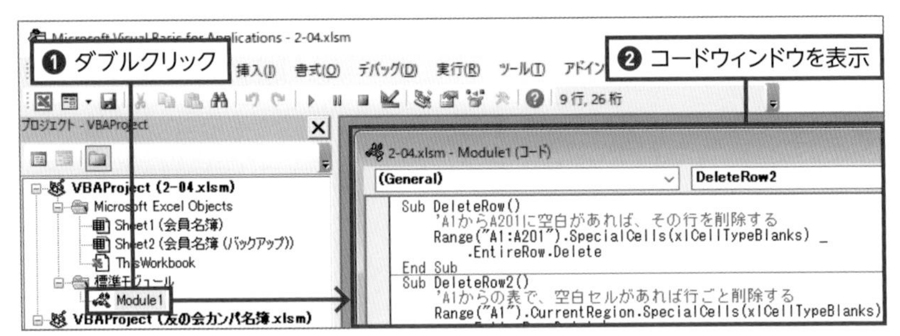

ダウンロードしたZIPファイルを解凍し、使ってみたいマクロの入ったブックを開いてVBEを表示する。プロジェクトエクスプローラーの[標準モジュール]→[Module1]をダブルクリックして(❶)コードウィンドウを表示する(❷)

マクロを使ってみたいデータ入りブックを開く

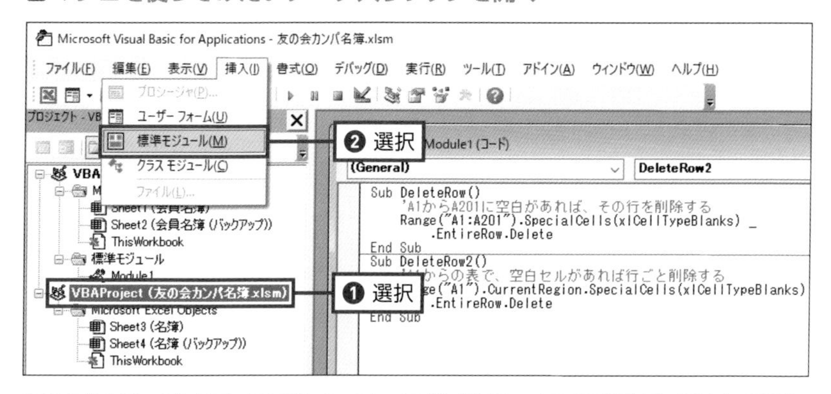

次に自分のデータ入りブックを開いて、ファイル形式を[Excelマクロ有効ブック]として保存。VBEを表示してプロジェクトエクスプローラーで自分のデータ入りブックを選択し(❶)、[挿入]メニュー→[標準モジュール]を選択(❷)

サンプルのマクロコードをコピー

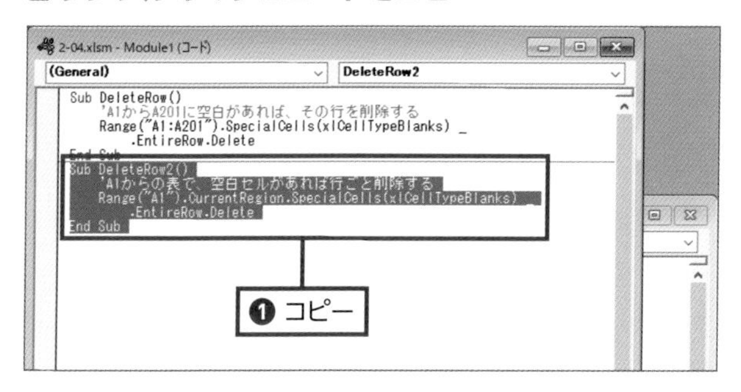

サンプルのマクロ入りブックのコードウィンドウから、使いたいマクロをコピーする(❶)。複数のマクロが含まれていて、どれが目的のマクロなのかがわかりにくいときは、全部コピーしてもよい

データ入りブックのコードウィンドウにペースト

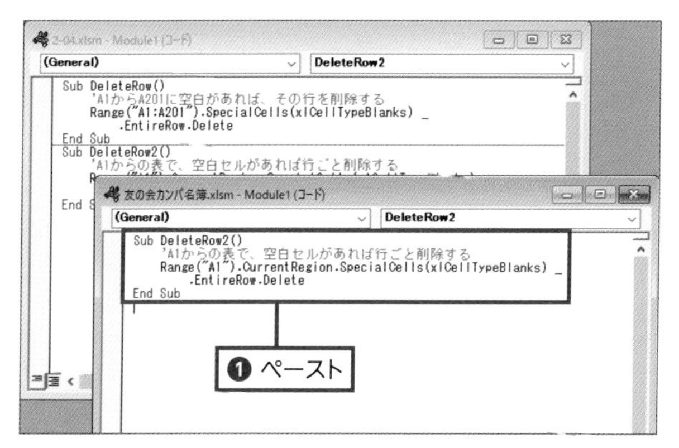

自分のデータ入りブックのコードウィンドウを選択してペーストする(❶)。これで、サンプルのマクロが自分のブックで使えるようになった

特定のセルまで一瞬でジャンプする

では、実際に役に立つマクロを見ていきましょう。まずはスクロールの手間を省くために、特定のセルまでジャンプするためのマクロです。動作は簡単ですが、意外と役に立ちます。

アクティブセルまでスクロールする

縦に長い表の末尾を表示したいとき、ショートカットキーの Ctrl + ↓ または Ctrl + End を使うと高速です。ただし、前者は空行があるとそこまでしか移動できません。また、後者は横に大きな表だと、右にもジャンプしてしまいます。**スクロール先が決まっているなら、マクロでセルを指定してジャンプする**と、スクロールの手間が削減できます。

ここでは、ジャンプ先のセルをあらかじめ選択し、選択されたアクティブセルまでスクロールするという手順を踏んでいます。

■あらかじめ決めたセルにジャンプする

	A	B	C	D	E
1	番号	姓	名	都道府県名	生年月日
2	1	北島	春香	山梨県	1990/5/3
3	2	和泉	貞次	滋賀県	1966/6/14
4	3	大隅	陽和	愛知県	1988/8/5
5	4	本田	美和子	北海道	1973/9/13
6	5	綿貫	一司	徳島県	2004/3/1
7	6	中橋	咲良	愛知県	1994/10/4

▶

	A	B	C	D	E
1	番号	姓	名	都道府県名	生年月日
180	179	小木曽	由起夫	静岡県	1987/9/8
181	180	稲村	喜一	北海道	1993/1/19
182	181	吉澤	豊	京都府	1986/4/4
183	182	向田	一郎	山梨県	2009/10/22
184	183	菅野	和徳	山梨県	1978/6/15
185	184	永沢	充照	奈良県	2005/5/22

ここで紹介するマクロを実行すると、セルA180が画面最上部に表示されるようにスクロールする。なお、サンプルではウィンドウ枠を固定しているので、その直下にセルA180が表示されている

3-02-01.xlsm

```
Sub VerScroll_A180()

    'セルA180まで縦スクロールする
    Range("A180").Select                          どこまでジャンプするかを指定（❶）
    ActiveWindow.ScrollRow = ActiveCell.Row       行（Row）を取得して縦スクロール（❷）

End Sub
```

「Range("A180")」(❶)の「180」を書き換えることで、好きな行までジャンプできます。Rangeプロパティは単独のセルまたはセル範囲をダブルコーテーション「"」で挟んで、引数とします。なお、このマクロではアクティブセルの行を取得していますが(❷の右辺)、列は参照していないので、横スクロールはしません。仮に「A180」を「B180」に変更しても、動作は同じです。

応用 横にもスクロールするには

上で紹介したマクロでは、横方向にはスクロールしません。そのため、横にも大きな表で指定したセルを表示したいときは、次のマクロを利用します。

3-02-02.xlsm

```
Sub VerHorScroll_G180()

  'セルG180まで縦横にスクロールする
  Range("G180").Select
  ActiveWindow.ScrollRow = ActiveCell.Row
  ActiveWindow.ScrollColumn = ActiveCell.Column

End Sub
```

行(Column)を取得して縦スクロール(❶)

末尾にアクティブセルの列番号を取得して、列方向へのスクロールも付け加えました(❶)。実行すると、セルG180が左上にくるようにスクロールします。

なお、これをショートカットキーでやろうと思うと、セル範囲に名前を付けて Ctrl + G で[ジャンプ]ダイアログを表示し、ジャンプ先を選択するのがいいでしょう。マウスを使うよりは速くなりますが、マクロにショートカットキーを割り当てるよりかなり遅いです。

POINT

ここで紹介したマクロでは、選択したセルが左上に表示されるように工夫してあります。もし選択したセルが左上でなくてもよければ、ApplicationオブジェクトのGotoメソッドを利用し、「Application.Goto Range("A180")」などとしてもいいでしょう。

3 / 03

時短 15 分

ある列のセルが空白なら行ごと削除する

行の追加や削除は、ショートカットキーを使いこなしたとしても面倒なものです。表から取り除きたい行が複数ある場合でも、マクロを使えば、かなり高速に実行することができます。

空白セルのある行を選択して削除する

複数の行を一度に削除するのはかなり面倒で、しかも神経をすり減らす作業です。連続した行を削除したいのなら、削除したい行の任意のセルを選択してから、Shift + Space で行選択→ Ctrl + − という合わせ技で可能です（最初に行全体を選択しなくてもよいことに注意してください）。では、離れた行を一括削除したいときはどうでしょうか。同じ方法でうまくいきそうなものですが、結果が安定しません。こういう作業はマクロに任せてしまいましょう。

ここでは、**特定の列のセルが空白である場合、空白セルのある行を一括削除する**マクロを紹介します。

削除したい行はA列を空白にする

	A	B	C	D	E
1	番号	姓	名	都道府県名	生年月日
2	1	北島	春香	山梨県	1990/5/3
3	2	和泉	貞次	滋賀県	1966/6/14
4	3	大隅	陽和	愛知県	1988/8/5
5	4	本田	美和子	北海道	1973/9/13
6	5	綿貫	一司	徳島県	2004/3/1
7	6	中橋	咲良	愛知県	1994/10/4
8	7	水谷	亜紀子	岩手県	1980/9/13
9	8	秋吉	悦子	神奈川県	2000/4/10
10		幸田	久美子	和歌山県	2002/8/22
11	10	平野	達夫	秋田県	2012/12/17
12	11	豊島	博子	愛媛県	1990/6/1
13	12	小早川	勝男	愛知県	1968/6/7
14	13	丹治	真尋	秋田県	1990/10/17
15	14	古屋	充照	宮城県	1964/9/14
16	15	沢井	凛華	千葉県	1965/10/7

10行目を削除したいので、セルA10を空白にしてマクロを実行する

	A	B	C	D	E
1	番号	姓	名	都道府県名	生年月日
2	1	北島	春香	山梨県	1990/5/3
3	2	和泉	貞次	滋賀県	1966/6/14
4	3	大隅	陽和	愛知県	1988/8/5
5	4	本田	美和子	北海道	1973/9/13
6	5	綿貫	一司	徳島県	2004/3/1
7	6	中橋	咲良	愛知県	1994/10/4
8	7	水谷	亜紀子	岩手県	1980/9/13
9	8	秋吉	悦子	神奈川県	2000/4/10
10	10	平野	達夫	秋田県	2012/12/17
11	11	豊島	博子	愛媛県	1990/6/1
12	12	小早川	勝男	愛知県	1968/6/7
13	13	丹治	真尋	秋田県	1990/10/17
14	14	古屋	充照	宮城県	1964/9/14
15	15	沢井	凛華	千葉県	1965/10/7
16	16	前野	宏寿	長野県	1976/7/30

10行目が削除された

3-03-01.xlsm

```
Sub DeleteRow1()

  'A1からA201に空白があれば、その行を削除する
  Range("A1:A201").SpecialCells(xlCellTypeBlanks) _
    .EntireRow.Delete

End Sub
```

空白があるかを探す範囲を指定（❶）

セルA1からA201までの中から空白セルを探して選択し、その行を削除しています。これでも十分役に立ちますが、表の大きさによって「A1:A201」（❶）というセル範囲を正しく指定しておかないと、空白セルがあるのに行が削除されなかったり、操作対象外の表まで行を削除してしまったりします。

応用 表の範囲を自動取得してから削除する

表の大きさが変わるとき、いちいちマクロのセル範囲指定を正しく書き換えていては面倒です。表の範囲を自動取得してから、削除を行ってみましょう。

3-03-02.xlsm

```
Sub DeleteRow2()

  'A1からの表で、空白セルがあれば行ごと削除する
  Range("A1").CurrentRegion.SpecialCells(xlCellTypeBlanks) _
    .EntireRow.Delete

End Sub
```

A1から始まる表を指定（❶）

「Range("A1").CurrentRegion」（❶）は、セルA1から始まる表を操作対象にします。空行や空列があれば、その前の行や列までを1つの表として認識します。つまり、操作対象外にしたい部分は、空行や空列で区切っておけばいいのです。そうしておくことで、表として認識した部分にある空白セルを含んだ行を削除できます。

ちなみに、行ではなく、列を削除したいときは、「EntireRow」を「Entire Column」に変更します。

3 / 04

時短20分

1行おきに空白行を挿入する

表に1行ずつ空行を挟むのは、かなり面倒な作業です。ショートカットキーでも1回では実行できず、何回もキーを叩く必要があります。しかし、マクロなら一瞬でできてしまいます。

マクロなら空白行の挿入は簡単にできる

ショートカットキーを使って、1行おきに空行を挿入するためには、Shift + Space で行を選択して、Ctrl + Shift + ; で挿入したあと、カーソルキーなどで下にアクティブセルを移動します。アクセスキーを使えば、Alt → H → I → 2 → R と順番にキーを押しても行挿入が可能です。数行程度ならこれでもいいでしょうが、表が数百行にも及ぶとき、この作業はかなり大変でしょう。マウス操作ではさらに面倒で、空行を挿入したい行を1行ずつ選択して、右クリックからメニューを表示し、[挿入] を選択する必要があります。一度に複数行追加するのなら楽なのですが、1行ずつ何回も追加するとなると、かなりの時間がかかってしまいます。

しかし、**マクロなら1秒もかかりません。一瞬で1行おきに空白行を挿入できます**。

簡単に空行が挿入できる

	A	B	C	D	E
1	番号	姓	名	都道府県名	生年月日
2	1	北島	春香	山梨県	1990/5/3
3	2	和泉	貞次	滋賀県	1966/6/14
4	3	大隅	陽和	愛知県	1988/8/5
5	4	本田	美和子	北海道	1973/9/13
6	5	綿貫	一司	徳島県	2004/3/1
7	6	中橋	咲良	愛知県	1994/10/4
8	7	水谷	亜紀子	岩手県	1980/9/13
9	8	秋吉	悦子	神奈川県	2000/4/10
10	9	幸田	久美子	和歌山県	2002/8/22
11	10	平野	達夫	秋田県	2012/12/17
12	11	豊島	博子	愛媛県	1990/6/1

	A	B	C	D	E
1	番号	姓	名	都道府県名	生年月日
2	1	北島	春香	山梨県	1990/5/3
3					
4	2	和泉	貞次	滋賀県	1966/6/14
5					
6	3	大隅	陽和	愛知県	1988/8/5
7					
8	4	本田	美和子	北海道	1973/9/13
9					
10	5	綿貫	一司	徳島県	2004/3/1
11					
12	6	中橋	咲良	愛知県	1994/10/4

ここでは1行目を見出し行と考えて、1行目と2行目の間には空行を挿入しなかったが、それ以降は空行が挿入されている

3-04-01.xlsm

```
Sub InsertRow1()

  Dim i As Long  '空行を挿入する行番号

  '1行ずつ空行を挿入
  For i = 3 To 400 Step 2 ―― 3行目以降、400行まで1行おきに実行(❶)
    Cells(i, 1).EntireRow.Insert
  Next

End Sub
```

3行目以降で操作を実行するので「i = 3」、1行おきに空行を挿入するので「Step 2」としています(❶)。それぞれの数値を変更すると、2行目から1行おきにしたり、2行おきに空行を挿入したりできます。

「To 400」としているのは、ここで扱っている表が200行なので、おおよそ2倍の行数になると考えて400としています。空行を挿入したい表の下に別の表がなければ、このままで十分に使えます。

しかし、下に別の表があるなど、無駄打ちを避けたいなら、次のマクロを試してみましょう。ロジックとしては、表の行数をj行とすると、表の3行目から「(j − 2) ∗ 2 + 2」行目まで1行おきに(Step 2)空行を挿入しています。これで、表の下には不要な空行を挿入せずに、1行おきに空行にすることが可能です。

3-04-02.xlsm

```
Sub InsertRow2()

  Dim i As Long  '空行を挿入する行番号
  Dim j As Long  '表の行数

  '1行ずつ空行を挿入(無駄打ちなし)
  j = Range("A1").CurrentRegion.Rows.Count ― セルA1からの表の行数を数える
  For i = 3 To (j - 2) * 2 +2 Step 2
    Cells(i, 1).EntireRow.Insert
  Next

End Sub
```

シートに付いたメモをまとめて削除する

セルのメモ機能はうまく使えば便利ですが、入力はともかく、削除するのも結構手間がかかります。メモの付いたセルから、メモを削除する手順を見ていきましょう。

メモの付いたセルを選択してから削除する

メモは、以前「コメント」と呼ばれていた機能で、セルに吹き出しを付けて文字列を入力できます。セルの値には影響ないので、頻繁に使っているケースもあるかもしれません。ただ、この機能は入力したあとが面倒で、削除するにも一手間かかります。

ここでは、**シートから不要になったメモをまとめて削除するマクロ**を紹介します。

メモを一括削除する

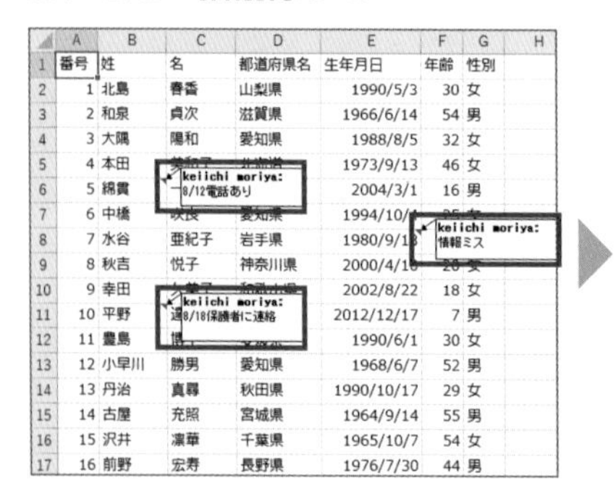

	A	B	C	D	E	F	G	H
1	番号	姓	名	都道府県名	生年月日	年齢	性別	
2	1	北島	春香	山梨県	1990/5/3	30	女	
3	2	和泉	貞次	滋賀県	1966/6/14	54	男	
4	3	大隅	陽和	愛知県	1988/8/5	32	女	
5	4	本田	[illegible]	[illegible]	1973/9/13	46	女	
6	5	綿貫	[illegible]	[illegible]	2004/3/1	16	男	
7	6	中橋	[illegible]	[illegible]	[illegible]	[illegible]	[illegible]	
8	7	水谷	亜紀子	岩手県	[illegible]	[illegible]	[illegible]	
9	8	秋吉	悦子	神奈川県	[illegible]	[illegible]	[illegible]	
10	9	幸田	[illegible]	[illegible]	2002/8/22	18	女	
11	10	平野	[illegible]	[illegible]	2012/12/17	7	男	
12	11	豊島	[illegible]	[illegible]	1990/6/1	30	女	
13	12	小早川	勝男	愛知県	1968/6/7	52	男	
14	13	丹治	真尋	秋田県	1990/10/17	29	女	
15	14	古屋	充照	宮城県	1964/9/14	55	男	
16	15	沢井	凛華	千葉県	1965/10/7	54	女	
17	16	前野	宏寿	長野県	1976/7/30	44	男	

	A	B	C	D	E	F	G	H
1	番号	姓	名	都道府県名	生年月日	年齢	性別	
2	1	北島	春香	山梨県	1990/5/3	30	女	
3	2	和泉	貞次	滋賀県	1966/6/14	54	男	
4	3	大隅	陽和	愛知県	1988/8/5	32	女	
5	4	本田	美和子	北海道	1973/9/13	46	女	
6	5	綿貫	一司	徳島県	2004/3/1	16	男	
7	6	中橋	咲良	愛知県	1994/10/4	25	女	
8	7	水谷	亜紀子	岩手県	1980/9/13	39	女	
9	8	秋吉	悦子	神奈川県	2000/4/10	20	女	
10	9	幸田	久美子	和歌山県	2002/8/22	18	女	
11	10	平野	達夫	秋田県	2012/12/17	7	男	
12	11	豊島	博子	愛媛県	1990/6/1	30	女	
13	12	小早川	勝男	愛知県	1968/6/7	52	男	
14	13	丹治	真尋	秋田県	1990/10/17	29	女	
15	14	古屋	充照	宮城県	1964/9/14	55	男	
16	15	沢井	凛華	千葉県	1965/10/7	54	女	
17	16	前野	宏寿	長野県	1976/7/30	44	男	

わかりやすくするため、ここではメモを表示しておいたが、メモが非表示でも動作は同じだ

ATTENTION

Excelの機能で削除するなら、シートを全選択するか、Ctrl＋Shift＋Oでメモの付いたセルを選択してから、[ホーム]タブの[編集]グループで[コメントとメモをクリア]をクリックします。

3-05-01.xlsm

```
Sub ClearMemo()

    'シート内のメモをまとめて削除                    セルを一括選択(❶)
    Range("A1").CurrentRegion.SpecialCells(xlCellTypeComments).Select
    Selection.ClearComments ―――― 削除(❷)

End Sub
```

セルA1から始まる表で、メモが付いているセルを一括選択して(❶)、メモを削除しています(❷)。もしメモを削除する範囲を手動で設定したい場合は、「Range("A1").CurrentRegion」を「Range("A1:G100")」などと変更します。

POINT

メソッドや変数などの綴りを間違えずに入力するには、適当なところまで入力すると、候補が表示されることがあります。表示されない場合は、Ctrl + Space を押してみましょう。すると、候補がリスト表示されたり、残りの綴りが補完されたりするので、目的のメソッド名などをダブルクリックするか、選択して tab を押します。

COLUMN

エラーが生じたときはどうする?

コードを入力時にミスタイプしたり、カスタマイズ内容に問題があったりすると、以下のようなダイアログが表示されてマクロが停止します。どういう問題があってマクロが停止したかは、エラーメッセージを見てもよくわからない場合が多いでしょう。エラーを修正するには、コードを自分で確認するしかありません。

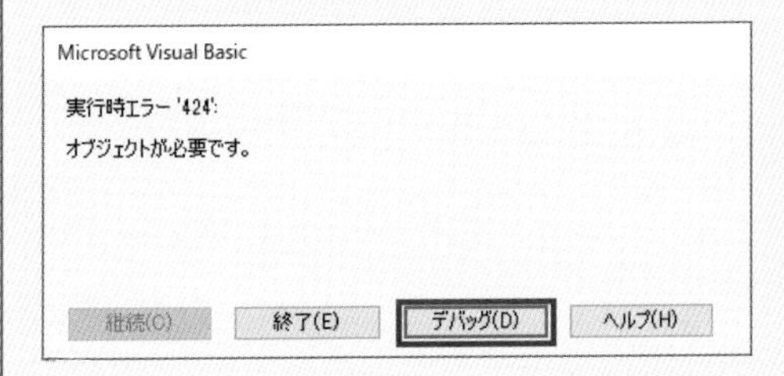

[デバッグ]をクリックすると、VBEが表示されて、どの行でマクロが停止したかがわかる。必ずしもその行に理由があるとは限らないが、そこを中心に調べるといいだろう

3 / 06

シートの目次を作って簡単にシートを切り替える

シートの切り替えは、ショートカットキーでも可能です。ただし、それは1つ隣への切り替えに限ります。多くのシートを含むブックで簡単にシートを切り替えるには、どうすればいいでしょうか。

シートへのリンクをマクロで作成する

シートを切り替えるには、Ctrl＋PageDownまたはCtrl＋PageUpで行うのが手っ取り早いでしょう。ただ、シートの数が多くなると、ショートカットキーを使っても切り替えに時間がかかってしまいます。

そこで利用したいのが、セルにリンクを張る機能です。クリックすると、Webページや別のブックを開いたり、同じブックの特定のシートに切り替えたりすることが可能です。

ここでは、**同じブックの中のシートへのリンクを作成するマクロ**を紹介します。難易度が高そうに感じますが、実際の動作は意外と単純です。

シート名にリンクを設定する

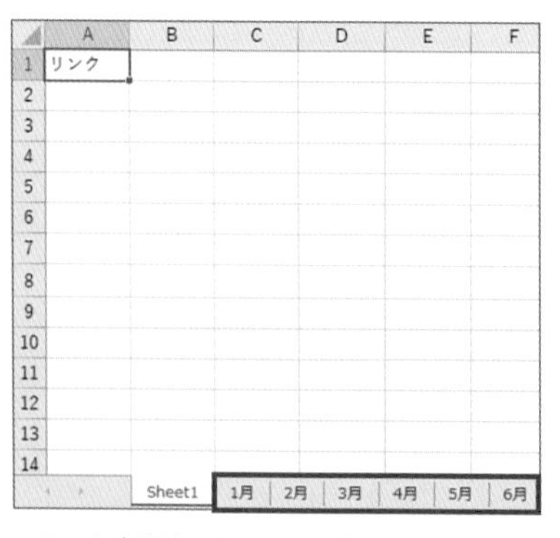

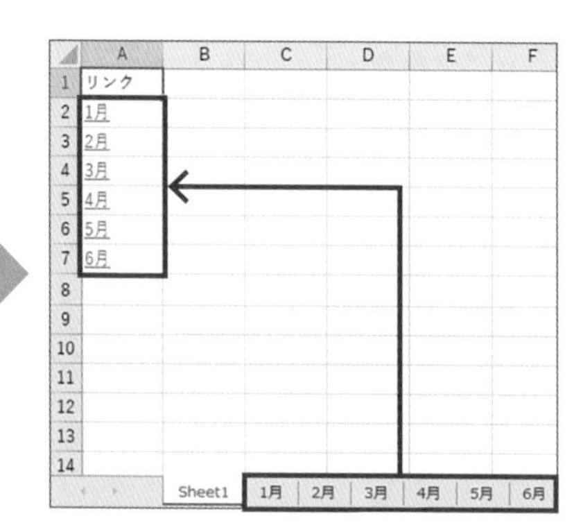

マクロを実行すると、シート名を取得して縦に並べ、それぞれのシートのセルA1へのリンクを張ることができる。たとえばセルA2の「1月」をクリックすると、「1月」シートが表示される。このマクロはシート数が多くなるほど、効果は上がる

3-06-01.xlsm

```
Sub CreateSheetLink()

  Dim i As Long  '左から何番目のシートか、上から何行目のセルか

  '左からi番目のシート名のリンクを、左から1番目のシートのA列i行目のセルに入力する
  For i = 2 To Sheets.Count
    Sheets(1).Hyperlinks.Add _
      Anchor:=Cells(i, 1), _
      Address:=ThisWorkbook.Name & "#'" & Sheets(i).Name _
        & "'" & "!A1", _
      TextToDisplay:=Sheets(i).Name  ── シート名をセルの値として表示
  Next

End Sub
```

このマクロでは、左端のシートにリンクを設定しています。もしシート名を指定したいなら、「Sheets(1)」を「Sheets("Sheet1")」などとします。

また、Cellsプロパティは「Cells(i, j)」で「i行目かつj列目のセル」を指します。ここでは、1列目（A列）のセルにリンクを張るので、jには「1」が入ります。

たとえば、iが「2」のとき、「Cells(2, 1).Value = Sheets(2).Name」となり、左から2番めのシートの名前「1月」はセルA2に入力されます。これを1行下のセルA3から入力したい場合は、「Cells(i, 1)」を「Cells(i+1, 1)」とします。セルB3なら「Cells(i+1, 2)」です。

POINT

Cellsプロパティと Rangeプロパティは、セルを選択したり、値を入力したりするのに使います。上で紹介したマクロで「Cells(i, 1)」となっているところは「Range("A" & i)」と書いても動作は変わりませんが、一般的に引数に変数を取る場合はCellsプロパティのほうがコードがシンプルになります。ぜひ使い分けられるようにしましょう。

3 / 07

時短30分

必要な行のみ抽出する

Excelをデータベースとして使うとき、必要な行のみ抽出するという作業は避けて通れません。いろいろな手順が可能ですが、ここではマクロを使って簡単・高速に実行する方法を探ります。

必要なデータの番号を書いて抽出する

Excelで必要なデータのみ抽出する方法には、いくつかあります。フィルターで条件を設定して、条件を満たす行のみ表示する方法や、VLOOKUP関数などを利用する方法が考えられます。

前者はデータをフィルターで簡単に設定できるような条件なら問題ありませんが、複雑な条件を設定するのはなかなか面倒です。後者は抽出したデータを表示するシートに関数をずらっと入力しておくか、さもなければ配列数式という高度なテクニックを使うことになります。

いずれにしても意外と面倒なので、ここではマクロでやってみましょう。**抽出したい行の番号を書いておくと、その番号の行を元データから抜き出して別のシートにコピーする**マクロを紹介します。

データの番号から行全体を抽出する

	A	B	C	D	E	F	G
1	番号	姓	名	都道府県名	生年月日	年齢	性別
2	1	北島	春香	山梨県	1990/5/3	30	女
3	2	和泉	貞次	滋賀県	1966/6/14	54	男
4	3	大隅	陽和	愛知県	1988/8/5	32	女
5	4	本田	美和子	北海道	1973/9/13	46	女
6	5	綿貫	一司	徳島県	2004/3/1	16	男
7	6	中橋	咲良	愛知県	1994/10/4	25	女
8	7	水谷	亜紀子	岩手県	1980/9/13	39	女
9	8	秋吉	悦子	神奈川県	2000/4/10	20	女
10	9	幸田	久美子	和歌山県	2002/8/22	18	女
11	10	平野	達夫	秋田県	2012/12/17	7	男
12	11	豊島	博子	愛媛県	1990/6/1	30	女
13	12	小早川	勝男	愛知県	1968/6/7	52	男
14	13	丹治	真尋	秋田県	1990/10/17	29	女
15	14	古屋	充照	宮城県	1964/9/14	55	男
16	15	沢井	凛華	千葉県	1965/10/7	54	女
17	16	前野	宏寿	長野県	1976/7/30	44	男

会員名簿 | 抽出後データ | 会員名簿 (バックアップ)

左端のシートに入力されているのが元データ。A列に番号が数値で入っている。「=A2+1」などの数式を入れないように注意

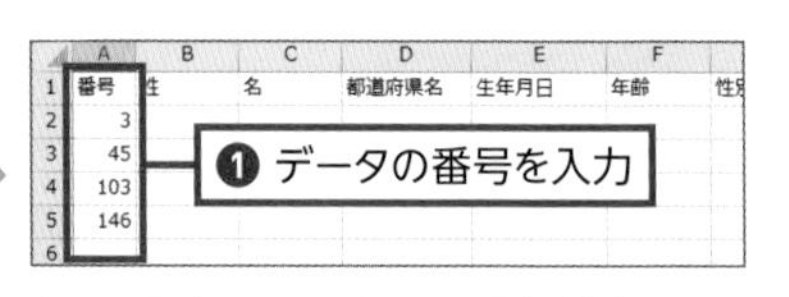

左から2番目のシートで、A列に抽出したいデータの番号を書き出す（❶）

	A	B	C	D	E	F	
1	番号	姓	名	都道府県名	生年月日	年齢	性
2	3	大隅	陽和	愛知県	1988/8/5	32	女
3	45	松村	文隆	山形県	1970/9/20	49	男
4	103	大道	源治	宮崎県	1990/7/10	30	男
5	146	大津	三枝子	秋田県	1971/4/26	49	女
6							

マクロを実行すると、左端のシートから番号にあったデータのみ抜き出せる

3-07-01.xlsm

```
Sub ExtractData1()
  '指定した数字の行を抽出する
  Dim shtOrg As Worksheet '元データのシート
  Dim shtNew As Worksheet '抽出後データのシート
  Dim cmpRow As Long      '何行目から検索をスタートするか
  Dim cmpCol As Variant   '元データの何行目がマッチするか
  Set shtOrg = Sheets(1)  '左から1番目が元データのシート
  Set shtNew = Sheets(2)  '左から2番目が抽出後データのシート
  cmpRow = 2              '比較は2行目から ── 見出し行がなければ2を1に変更

  '抽出後シートのA列のセルが空になるまで繰り返す
  Do While shtNew.Cells(cmpRow, 1) <> ""
      'セルA2から比較をスタート
      cmpCol = WorksheetFunction.Match(shtNew.Cells(cmpRow, 1), ⏎1行
        shtOrg.Columns(1), 0) ── B列を比較対象にするなら1を2に変更
      '行ごとコピーする
      shtOrg.Rows(cmpCol).Copy Destination:=shtNew.Rows(cmpRow)
      cmpRow = cmpRow + 1
  Loop
End Sub
```

POINT

ワークシート関数をマクロの中で使うときは「WorksheetFunction.」に続けて、関数名を書きます。ただし、すべてのワークシート関数がマクロで使えるわけではありません。「WorksheetFunction.」まで入力したあと、関数名がリスト表示されますが、そこに含まれていなければ、その関数は使えません。

POINT

変数に値を代入したいとき、「変数 = 値」のようなステートメントを使ってきましたが、変数がオブジェクト型のときはSetステートメントを使う必要があります。オブジェクト型の変数（オブジェクト変数といいます）には、セル範囲やシート、ブックなどを代入することができます。

応用 特定の列に何らかの文字があれば抽出する

上で紹介したマクロは、抽出したいデータの番号を調べて、抽出後にデータを並べるシートにあらかじめ記述しておく必要があります。元データを

見ながら、どのデータを抽出するかを決めたいときは、次に紹介するマクロを使ってみてください。元データのシートで、表のH列に何らかの文字を入力しておけば、その行を抽出できます。入力する文字はどんなものでもかまいませんし、文字の違いは結果に反映されません。

3-07-02.xlsm

```
Sub ExtractData2()
    'H列に何か入力されていれば行ごと抽出する
    Dim shtOrg As Worksheet     '元データのシート
    Dim shtNew As Worksheet     '抽出後データのシート
    Dim tblRow As Long          '元データの行数
    Dim i As Long               '比較する行数
    Dim j As Long               '抽出後データの行番号
    Const cmpRow As Long = 2    '比較は2行目から ── 見出し行がなければ2を1に変更
    Const markCol As Long = 8   '8列目(H列)を調べる ── H列以外に文字を入れるなら、左端から数えて何番目かを入力
    Set shtOrg = Sheets(1)      '左から1番目が元データのシート
    Set shtNew = Sheets(2)      '左から2番目が抽出したデータのシート

    '元データの表の行数を数える
    tblRow = Cells(1, 1).End(xlDown).Row
    j = cmpRow

    '2行目から表の末尾まで繰り返す
    For i = cmpRow To tblRow
        '8列目に何か入力されていればコピー
        If shtOrg.Cells(i, markCol) <> "" Then ── 特定の記号に限る場合はここを変更(❶)
            shtOrg.Rows(i).Copy Destination:=shtNew.Rows(j)
            j = j + 1
        End If
    Next

End Sub
```

❶ 特定の記号を入力したときのみ抽出する()

上のマクロでは、元データのシートのH列にどんな文字が入っていても、その行を抽出します。もし「OK」と書いている行のみを抽出したいときは「If shtOrg.Cells(i, markCol) = "OK" Then」とします。

時短 15 分

3行ごとにセルの下に罫線を引く

表を見やすくしたいので、数行ごとに罫線を引きたいとき、表が数千行にも及ぶときはどうしたらいいでしょうか。いちいちマウスで操作していては、いくら時間があっても足りません。

選択範囲を一定行数ずつ拡大していく

値がまったく入っていない空のシートに数行ごとに罫線を引きたいなら、コピー&ペーストをうまくやれば作業時間は減らせます。すでにデータが入っていたら、条件付き書式を利用する手もありますが、少し面倒です。また、作業にある程度の時間がかかってしまいます。

ここで紹介するマクロを使えば、**かなり大きな表でも1秒程度で罫線が引けます**。なお、高速にマクロを実行するために、マクロ内部に画面更新をオフにするステートメントを入れておきました。

マクロのロジックとしては、表の横幅分×一定の行数分を選択→選択範囲の下端に罫線を引く→選択範囲を一定の行数分の2倍分、下に拡大する→再び選択範囲の下端に罫線を引く……という繰り返しになっています。そのため、たとえば背景色の設定には使えません（背景色の設定をコードに含めると、表全体に背景色が設定されてしまいます）。

見出し行を除いて3行ごとに罫線を引く

	A	B	C	D	E
1	番号	姓	名	都道府県名	生年月日
2	1	北島	春香	山梨県	1990/5/3
3	2	和泉	貞次	滋賀県	1966/6/14
4	3	大隅	陽和	愛知県	1988/8/5
5	4	本田	美和子	北海道	1973/9/13
6	5	綿貫	一司	徳島県	2004/3/1
7	6	中橋	咲良	愛知県	1994/10/4
8	7	水谷	亜紀子	岩手県	1980/9/13
9	8	秋吉	悦子	神奈川県	2000/4/10
10	9	幸田	久美子	和歌山県	2002/8/22
11	10	平野	達夫	秋田県	2012/12/17
12	11	豊島	博子	愛媛県	1990/6/1
13	12	小早川	勝男	愛知県	1968/6/7

	A	B	C	D	E
1	番号	姓	名	都道府県名	生年月日
2	1	北島	春香	山梨県	1990/5/3
3	2	和泉	貞次	滋賀県	1966/6/14
4	3	大隅	陽和	愛知県	1988/8/5
5	4	本田	美和子	北海道	1973/9/13
6	5	綿貫	一司	徳島県	2004/3/1
7	6	中橋	咲良	愛知県	1994/10/4
8	7	水谷	亜紀子	岩手県	1980/9/13
9	8	秋吉	悦子	神奈川県	2000/4/10
10	9	幸田	久美子	和歌山県	2002/8/22
11	10	平野	達夫	秋田県	2012/12/17
12	11	豊島	博子	愛媛県	1990/6/1
13	12	小早川	勝男	愛知県	1968/6/7

左図のようなデータを用意してマクロを実行すると、右図のように罫線が引ける

3-08-01.xlsm

```
Sub DrawUnderline()
  '3行ごとに罫線を引く
  Dim lineRow As Long        '表の行数
  Dim lineCol As Long        '表の列数
  Dim i As Long              '選択範囲を拡大する回数
  Dim gyou As Long           '何行ごとに引くか
  gyou = 3                   'ここでは3行とする
  Const Heading As Long = 1 '見出し行の数

  lineRow = Range("A1").CurrentRegion.Rows.Count
  lineCol = Range("A1").CurrentRegion.Columns.Count

  '画面更新を停止してマクロを実行する
  Application.ScreenUpdating = False

  For i = 0 To (lineRow - Heading - 1) ¥ gyou

      '選択範囲をリサイズする
      Range("A1").Resize(Heading + gyou * i, lineCol).Select

      '選択範囲のセルの下に罫線を引く
      With Selection.Borders(xlEdgeBottom)
          .LineStyle = xlContinuous
          .ColorIndex = 0
          .TintAndShade = 0
          .Weight = xlThin
      End With

  Next

  '画面更新を元に戻す
  Application.ScreenUpdating = True

End Sub
```

表の最下行にも線を引きたいなら「-1」を削除する

この部分をカスタマイズするには、「マクロの記録」機能を使ってコードを調べるとよい（❶）

❶ 罫線のデザインを変更する

ここで紹介したマクロでは、細い罫線をセルの下辺に引きましたが、太い罫線や点線なども引けます。P.19で解説した「マクロの記録」機能で、好きな罫線を設定したときのコードを調べて、コピー&ペーストするといいでしょう。

手順を簡単に解説します。

「マクロの記録」を開始して好きな罫線を引く

	A	B	C	D	E	F	G	H
1	番号	姓	名	都道府県名	生年月日	年齢	性別	
2	1	北島	春香	山梨県	1990/5/3	30	女	
3	2	和泉	貞次	滋賀県	1966/6/14	54	男	
4	3	大隅	陽和	愛知県	1988/8/5	32	女	
5	4	本田	美和子	北海道	1973/9/13	46	女	
6	5	綿貫	一司	徳島県	2004/3/1	16	男	
7	6	中橋	咲良	愛知県	1994/10/4	25	女	
8	7	水谷	亜紀子	岩手県	1980/9/13	39	女	
9	8	秋吉	悦子	神奈川県	2000/4/10	20	女	
10	9	幸田	久美子	和歌山県	2002/8/22	18	女	
11	10	平野	達夫	秋田県	2012/12/17	7	男	
12	11	豊島	博子	愛媛県	1990/6/1	30	女	

好きな罫線を引く操作をマクロに記録する。ここでは、セルA4からセルG4までを選択して、セルの下部に一点鎖線を引いてみた

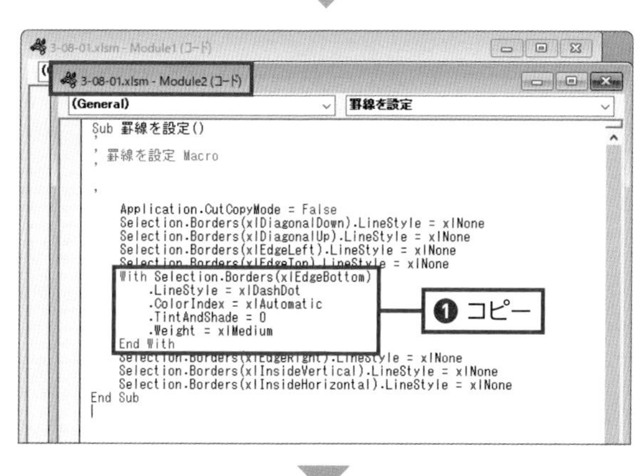

記録したマクロをVBEで開いて、コードを確認する。「With」から「End With」までの部分をコピーする(❶)

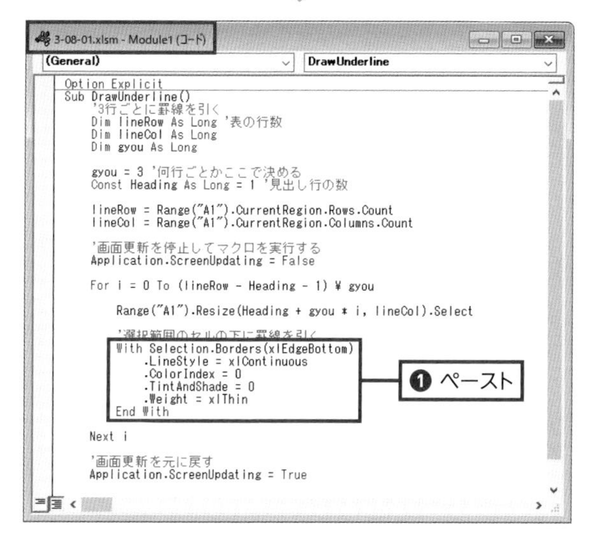

コピーしたコードをサンプルの「With」から「End With」にペーストする(❶)

3 / 09

値が数値なのに書式が文字列のセルを修正したい

ほかのアプリからデータを取り込んだときなど、値は数字なのに書式が文字列になることがあります。しかも、書式を数値に変更したのに、見た目が変わりません。どうすればよいのでしょうか。

セルを編集するのが面倒ならマクロで処理する

書式が文字列であるセルに数字を入力すると、セルの左上隅に緑の三角が表示され、「001」のように先頭に「0」があってもそのまま表示されます。ここで、書式を数値または標準に設定すれば、先頭の0は消えて「001」は「1」と表示されるはずです。しかし、実際には「001」のまま表示は変わりません。これはExcelの仕様なので、設定変更では回避できません。

見た目も数値にするためには、セルを選択して F2 を押すか、セルをダブルクリックするなどして、いったん編集モードにしてから Enter で確定します。作業そのものは簡単ですが、セルの数が多いと作業量は増えてしまいます。数式を使って解決する手もありますが、やや面倒です。ここではマクロでやってしまいましょう。

ここで紹介するマクロでは、値が数値であり、しかも書式が文字列であるセルに対して、書式を数値に変更して、さらに半角に変換します。

■値が数字なのに書式が文字列であるセルを修正する

	A	B	C	D	E
1	001	006	011	016	
2	002	007	012	017	
3	003	008	013	018	
4	004	009	014	019	
5	005	010	015	020	
6					
7					

書式が文字列なので、先頭の「0」が表示され、セル左上隅に緑の三角形が表示されている

	A	B	C	D	E
1	1	6	11	16	
2	2	7	12	17	
3	3	8	13	18	
4	4	9	14	19	
5	5	10	15	20	
6					
7					

マクロを実行すると、書式が数値になると同時に表示も変更される

3-09-01.xlsm

```
Sub NumFormat()

  Dim i As Long          '処理対象セルの行番号
  Dim j As Long          '処理対象セルの列番号
  Dim RowNum As Long     '表の行数
  Dim ColNum As Long     '表の列数
  Dim strRng As Variant 'セルの値を保存

  '表の行数と列数を取得
  RowNum = Range("A1").CurrentRegion.Rows.Count
  ColNum = Range("A1").CurrentRegion.Columns.Count

  For i = 1 To RowNum
      For j = 1 To ColNum
          strRng = Cells(i, j).Value
          '書式が文字列かつ値が数値であるセルのみ処理
          If TypeName(strRng) = "String" And _
             IsNumeric(strRng) = True Then
               'セルの書式を数値に変換(下記ATTENTIONを参照)
               Cells(i, j).NumberFormatLocal = "0"
               '値を半角にして同じセルにペースト
               Cells(i, j).Value = StrConv(strRng, vbNarrow)
          End If
      Next
  Next

End Sub
```

いったんセルの値を保存する

保存した値を半角に変換して
同じセルに代入する

マクロのロジックを簡単に解説しておきます。まず表の行数と列数を求めておき、値が数値なのに書式が文字列であるセルをコピーします。そして、書式を数値に、値を半角にしてから同じ場所にペーストすると、書式も値も同時に変換できます。

なお、ここでは表のすべてのセルの値が数値の例を考えてみましたが、英字やかななど、数値以外の値が混じっている場合も使えます。

ATTENTION

「Cells(i, j).NumberFormatLocal = "0"」では、書式記号を使って変換後の書式を指定しています。ここで使った「0」は通常の数値を指定する際に用います。

3 / 10

時短 10 分

住所や氏名を分離して別のセルにコピーする

氏名や住所などが列挙されているテキストデータを、データの種類ごとに切り分けてセルに整理するのは結構手間のかかる作業です。マクロを使えば、分割と格納が一瞬で行えます。

半角スペースでデータを切り分けてセルに格納する

1行の中に氏名、郵便番号、住所が全部収納されており、それぞれの要素は半角スペースで区切られていた場合、それぞれをバラバラにセルに収納するにはどうしたらいいでしょうか。関数を使う手もありますし、[区切り位置指定ウィザード] を使うのも便利でしょうが、ここではマクロを使ってやってみます。マクロなら、同時にいろいろな処理を実行できます。

使用するのは**Split関数で、特定の文字または文字列を基準に元のデータを分割して配列に格納します（配列についてはP.62参照）**。半角スペースで区切られたテキストデータをセルごとに読み込んでSplit関数で分割し、それぞれを別々のセルに振り分けます。

分割したデータを別々のセルに格納する

元データ	氏名	郵便番号	都道府県	市区町村	住所	建物名・号室等
上田 亮太 〒838-0108 福岡県 小郡市 美鈴の杜 3-2	上田 亮太	838-0108	福岡県	小郡市	美鈴の杜3-2	
猿谷 遼 〒615-8291 京都府 京都市西京区 松室扇田町 2-10-13 ザ松室扇田町309	猿谷 遼	615-8291	京都府	京都市西京区	松室扇田町2-10-13	ザ松室扇田町309
千賀 新司 〒847-0113 佐賀県 唐津市 佐志中里 3-13-16 タワー佐志中里112	千賀 新司	847-0113	佐賀県	唐津市	佐志中里3-13-16	タワー佐志中里112
兵頭 佑樹 〒966-0815 福島県 喜多方市 谷地田 1-3-3 谷地田ステーション204	兵頭 佑樹	966-0815	福島県	喜多方市	谷地田1-3-3	谷地田ステーション204
大年 吾一 〒526-0221 滋賀県 長浜市 小野寺町 4-12 小野寺町ゴールデン119	大年 吾一	526-0221	滋賀県	長浜市	小野寺町4-12	小野寺町ゴールデン119
磯山 佳紀 〒965-0116 福島県 会津若松市 北会津町出尻 1-4-3 北会津町出尻ドリーム311	磯山 佳紀	965-0116	福島県	会津若松市	北会津町出尻1-4-3	北会津町出尻ドリーム311
碓井 智久 〒781-3404 高知県 土佐郡土佐町 瀬井 2-12-9	碓井 智久	781-3404	高知県	土佐郡土佐町	瀬井2-12-9	
江戸 貴則 〒030-0822 青森県 青森市 中央 3-19	江戸 貴則	030-0822	青森県	青森市	中央3-19	
冨髙 豊和 〒509-5301 岐阜県 土岐市 妻木町 3-2-10	冨髙 豊和	509-5301	岐阜県	土岐市	妻木町3-2-10	

マクロを実行すると、「元データ」列の各データが分割されてシートにコピーされる。分割された「氏」と「名」を改めて結合したり、郵便番号から「〒」を取り除いたりなどの加工も同時に行っている

3-10-01.xlsm

```
Sub SplitData()

    Dim row As Long         'シートの行番号
    Dim strWk() As String   '文字列加工用(配列)
```

```
    For row = 3 To 20
      strWk = Split(Cells(row, 2).Value, " ")
      Cells(row, 3).Value = strWk(0) & " " & strWk(1)
      Cells(row, 4).Value = Replace(strWk(2), "〒", "")
      Cells(row, 5).Value = strWk(3)
      Cells(row, 6).Value = strWk(4)
      Cells(row, 7).Value = strWk(5) & strWk(6)
      If UBound(strWk) >= 7 Then Cells(row, 8).Value = strWk(7)
    Next

End Sub
```

半角スペース　半角スペースを基準に分割（❶）
値を連結する（❷）
分割結果の3つ目から「〒」を取り除く
値を連結する（❸）
分割結果に8つ目（建物名）の値が存在すれば格納（❹）

❶ Split関数で元データを分割する

ここでは半角スペース「" "」で元データを分割していますが、コンマやTabが区切り文字なら、それぞれ「","」「vbTab」と指定します。すると、元データは7個、または8個に分割され、配列strWk(0)からstrWk(7)にはそれぞれ氏、名、郵便番号、都道府県名、市名および特別区名、町名、番地、建物名が入ります。

❷❸ 値を結合して氏名および住所の一部とする

strWk(0)の「氏」、半角スペース、strWk(1)の「名」を結合して、氏名とします（❷）。また、strWk(5)の市名および特別区名とstrWk(6)の町名を結合して、住所の一部とします。

❹ strWk(7)が存在すれば建物名の列に格納する

建物名がないデータの場合、strWk(7)を参照しようとするとエラーになるので、Ubound関数で配列の要素数を調べて、strWk(7)が存在するときのみ、建物名の列に値をコピーしています。

POINT

Ubound関数は、配列の添字の最大を調べるのに使います。添字が0から始まる配列をUbound関数の引数にして返り値が「7」であれば、その配列には添字が0から7までの8つの値が格納されていることがわかります。

3 / 11

時短 15 分

氏名の間のスペースは残して前後のスペースは削除する

氏名の前後に空白（スペース）があると、一覧表で並び替えたときにうまく揃いません。スペースを置換しようにも、氏名の間のスペースは削除したくないことも多いでしょう。どうすればいいのでしょうか。

置換機能やワークシート関数をマクロで補う

文字列の前後に不要なスペースが入っている場合、簡単にやりたいなら置換機能を使うといいでしょう。しかし、文字列の間にもスペースが入っており、そちらのスペースは削除したくないとき、置換機能では役に立ちません。ワークシート関数のTRIMを使いたくなりますが、この関数は仕様に若干癖があり、文字列の前後のスペースだけでなく、文字間のスペースを最初の1つだけ残して削除してしまいます。文字列の間のスペースを変更してほしくないなら、別の方法を考えねばなりません。

そこで試してみたいのが、VBAのTrim関数です。**Trim関数なら、文字列の前後のスペースのみ削除できます。**なお、以下のサンプルではわかりやすくするため、別のセルに置換後の値を取り出しています。

■氏名から前後のスペースを削除して整える

	A	B	C	D	E	F	G	H	I	J
1										
2				空白						
3		削除前	(確認用)	前	中	後		削除後	(確認用)	
4		上田 亮太	[上田 亮太]	なし	半角	なし			[]	
5		猿谷 達	[猿谷 達]			半角			[]	
6		千賀 新司	[千賀 新司　]			全角			[]	
7		兵頭　佑樹	[兵頭　佑樹]		全角	なし			[]	
8		大年　吾一	[大年　吾一]			半角			[]	
9		磯山　佳紀	[磯山　佳紀　]			全角			[]	
10		碓井 智久	[碓井 智久]	半角	半角	なし			[]	
11		江戸 貴則	[江戸 貴則]			半角			[]	
12		冨髙 豊和	[冨髙 豊和　]			全角			[]	
13		武市　尚人	[武市　尚人]		全角	なし			[]	
14		槇野　一美	[槇野　一美]			半角			[]	
15		中迫　晋一郎	[中迫　晋一郎　]			全角			[]	
16		洪 芳明	[　洪 芳明]	全角	半角	なし			[]	
17		笠 幸伸	[　笠 幸伸]			半角			[]	
18		加戸 陽輔	[　加戸 陽輔　]			全角			[]	
19		戸谷　正光	[　戸谷　正光]		全角	なし			[]	
20		佐俣　廣	[　佐俣　廣]			半角			[]	
21		小比賀　公博	[　小比賀　公博　]			全角			[]	
22										

Sheet1

マクロ実行前のサンプル。末尾のスペースはわかりにくいので、C列およびI列に前後をカッコでくくってわかりやすくする数式を入力してある。たとえば、セルC4には「="["&"]"」という数式が入っている

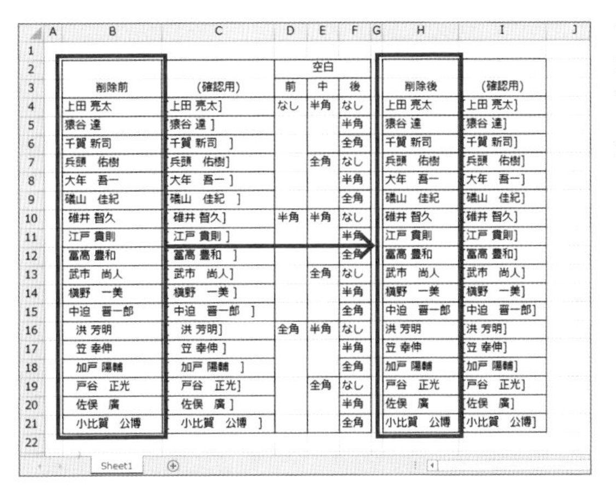

削除前	(確認用)	空白 前	空白 中	空白 後	削除後	(確認用)
上田 亮太	[上田 亮太]	なし	半角	なし	上田 亮太	[上田 亮太]
猿谷 達	[猿谷 達]			半角	猿谷 達	[猿谷 達]
千賀 新司	[千賀 新司]			全角	千賀 新司	[千賀 新司]
兵頭　佑樹	[兵頭　佑樹]		全角	なし	兵頭　佑樹	[兵頭　佑樹]
大年　吾一	[大年　吾一]			半角	大年　吾一	[大年　吾一]
磯山　佳紀	[磯山　佳紀　]			全角	磯山　佳紀	[磯山　佳紀]
碓井 智久	[碓井 智久]	半角	半角	なし	碓井 智久	[碓井 智久]
江戸 貴則	[江戸 貴則]			半角	江戸 貴則	[江戸 貴則]
冨高 豊和	[冨高 豊和　]			全角	冨高 豊和	[冨高 豊和]
武市　尚人	[武市　尚人]		全角	なし	武市　尚人	[武市　尚人]
槙野　一美	[槙野　一美]			半角	槙野　一美	[槙野　一美]
中迫　晋一郎	[中迫　晋一郎　]			全角	中迫　晋一郎	[中迫　晋一郎]
洪 芳明	[　洪 芳明]	全角	半角	なし	洪 芳明	[洪 芳明]
笠 幸伸	[　笠 幸伸]			半角	笠 幸伸	[笠 幸伸]
加戸 陽輔	[　加戸 陽輔　]			全角	加戸 陽輔	[加戸 陽輔]
戸谷　正光	[　戸谷　正光]		全角	なし	戸谷　正光	[戸谷　正光]
佐俣　廣	[　佐俣　廣]			半角	佐俣　廣	[佐俣　廣]
小比賀　公博	[　小比賀　公博　]			全角	小比賀　公博	[小比賀　公博]

マクロを実行すると、半角／全角にかかわらず前後のスペースは除去されて、「氏」と「名」の間のスペースはそのまま残されていることがわかる

3-11-01.xlsm

```
Sub TrimSpace1()

  Dim row As Long  'シートの行番号

  For row = 4 To 21
    Cells(row, 8).Value = Trim(Cells(row, 2).Value)
  Next

End Sub
```

H列 ／ B列 ／ B列の値をTrim関数で処理してH列に入力する

応用 氏名の間のスペースを半角に統一する

文字列中の任意の位置にある特定の文字または文字列を置換するには、Replace関数を使います。この関数で全角スペースを半角スペースに置換すれば、「氏」と「名」の間の空白をすべて半角スペースに統一できます。Replace関数は応用の幅が広いので、覚えておくとよいでしょう。

> **ATTENTION**
>
> ワークシート関数にもREPLACEがありますが、VBAのReplace関数とはやや機能が異なります。VBAのReplace関数と機能が似ているのは、ワークシート関数ではむしろSUBSTITUTEです。

■氏名間のスペースを半角に統一する

	削除前	(確認用)	空白				削除後	(確認用)
			前	中	後			
4	上田 亮太	[上田 亮太]	半角4個	半角2個	全角2個			[]
5	猿谷 達	[猿谷 達]		半角4個				[]
6	千賀 新司	[千賀 新司]	半角1個	全角1個	全角1個			[]
7	兵頭 佑樹	[兵頭 佑樹]		全角3個				[]

▼

	削除前	(確認用)	空白				削除後	(確認用)
			前	中	後			
4	上田 亮太	[上田 亮太]	半角4個	半角2個	全角2個		上田 亮太	[上田 亮太]
5	猿谷 達	[猿谷 達]		半角4個			猿谷 達	[猿谷 達]
6	千賀 新司	[千賀 新司]	半角1個	全角1個	全角1個		千賀 新司	[千賀 新司]
7	兵頭 佑樹	[兵頭 佑樹]		全角3個			兵頭 佑樹	[兵頭 佑樹]

マクロを実行すると、Trim関数で冒頭と末尾のスペースを削除し、かつReplace関数で氏名間の全角スペースが半角スペース1個に置き換えられていることがわかる

3-11-02.xlsm

```
Sub TrimSpace2()

Dim row As Long   'シートの行番号

  For row = 4 To 21
    Cells(row, 8).Value = Replace(WorksheetFunction.Trim
    (Cells(row, 2)), "　", " ")
  Next

End Sub
```

ワークシート関数のTRIMとVBAのReplace関数を組み合わせる(❶)

1行

全角スペース　全角スペース

❶ 文字列中のスペースを1つにして、半角に変換する

ワークシート関数のTRIMを使うと、文字列の前後のスペースをすべて削除するだけでなく、文字列中の最初のスペース以外を削除します。さらに、VBAのReplace関数で全角スペースを半角に変換します。これで、氏名の間のスペースは半角1個に揃えることができます。

> **ATTENTION**
>
> この節の解説でもわかるように、スペースの扱いは非常に面倒です。スペースが意味を持つデータはなるべく作らないようにするのが、スペースに振り回されないためのコツです。データはスペースで区切るのではなく、できるだけセルを分けるようにします。

時短 15 分

セル結合時に中身の値ごと結合する

表を整えるときに「セルの結合」はよく使われますが、結合するセルのそれぞれに値が格納されている場合は、左上の値だけ結合後のセルに表示されます。ほかのセルの値も結合したいときはどうすればいいのでしょうか。

先にデータを変数に退避させておく

セルの結合は、基本的にあまり使わないほうがいい機能ですが、勝手にフォーマットを変更できない場合もあるでしょう。やむをえず、使っているときに問題となってくるのが、結合時のデータの扱いです。セルを結合した場合、値が入っていなければ問題ありません。結合範囲のもっとも左上のセルだけに値が入っている場合も、そのセルの値が残るだけです。しかし、結合範囲の左上以外のセルに値が入っている場合は厄介です。コピー&ペーストの作業が生じてしまい、かなり面倒になります。

そこで、マクロの登場です。**結合するセル内の値もすべて残したいなら、先にデータを変数に待避させておき、結合後に格納し戻すという処理をマクロで行います**。ここでは、同じ行の値は左から順に結合し、複数行の場合は各行の結合データを改行させながら結合しています。また、複数箇所を選択している場合は、各選択範囲ごとに連続してセル結合を行うようにしています。

選択範囲のセルとデータを同時に結合する

	A	B	C	D	E
1					
2		氏名			
3		上田	亮太		
4		猿谷	達		
5		千賀	新司		
6		兵頭	佑樹		
7		大年	吾一		

同じ行から複数のセルを選択してマクロを実行する

	A	B	C	D	E
1					
2		氏名			
3		上田	亮太		
4		猿谷達			
5		千賀	新司		
6		兵頭	佑樹		
7		大年	吾一		

各セルの値が左から順に結合され、結合後のセルに格納される

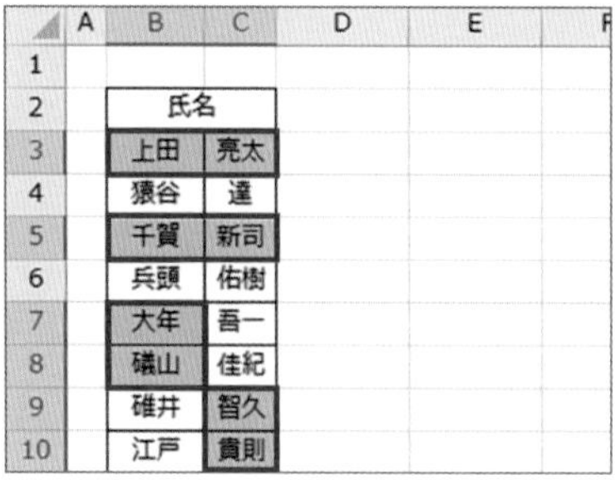

	A	B	C	D	E
1					
2		氏名			
3		上田	亮太		
4		猿谷	達		
5		千賀	新司		
6		兵頭	佑樹		
7		大年	吾一		
8		礒山	佳紀		
9		碓井	智久		
10		江戸	貴則		

任意の範囲を複数選択してマクロを実行する。Ctrlを押しながら選択すると、このように複数範囲を選択できる

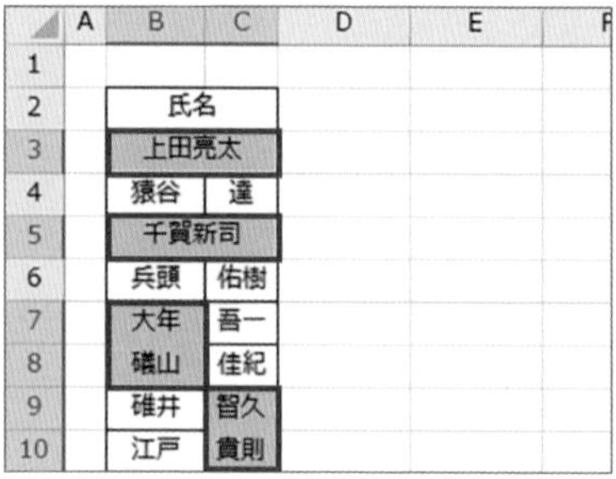

	A	B	C	D	E
1					
2		氏名			
3		上田亮太			
4		猿谷	達		
5		千賀新司			
6		兵頭	佑樹		
7		大年 礒山	吾一		
8			佳紀		
9		碓井	智久 貴則		
10		江戸			

各選択範囲の形状に応じて、一気に結合が行われる

3-12-01.xlsm

```
Sub MergeCell()

  Dim area As Range       '選択範囲からのセル切り出し用
  Dim strWk() As String   '文字列を一時的に保存
  Dim row As Long         'シートの行番号
  Dim col As Long         'シートの列番号

  For Each area In Selection.Areas
    ReDim strWk(1 To area.Rows.Count)
    For row = 1 To area.Rows.Count
      strWk(row) = ""
      For col = 1 To area.Columns.Count
        strWk(row) = strWk(row) & area(row, col)
      Next
    Next
    area.ClearContents
    area.Merge
    area.Value = Join(strWk, vbCrLf)
  Next

End Sub
```

- For Each area In Selection.Areas：複数のセル範囲を選択した場合、セル範囲ごとに実行する（❶）
- ReDim strWk(1 To area.Rows.Count)：配列の要素数を決定
- For row = 1 To area.Rows.Count：複数行選択の場合は各行ごとに処理（❷）
- For col = 1 To area.Columns.Count：複数列選択の場合は各列ごとに処理（❸）
- strWk(row) = strWk(row) & area(row, col)：行方向に各セルの値を結合して格納（❹）
- area.ClearContents / area.Merge：セルの値を消去してからセル結合を実行（❺）
- area.Value = Join(strWk, vbCrLf)：列方向に値を結合してセルにコピー（❻）

ロジックとしては、まず選択範囲の行ごとに横方向に値をつないで配列に格納します（❹）。そして、元のセルの値を削除して選択範囲のセルを結合し（❺）、改行を挟みつつ、配列に格納した値を代入します（❻）。もし選択範囲が複数ある場合は、それぞれの範囲ごとにこの内容を実行します（❶❷❸）。

オートシェイプの中の文字列を置換する

Excelの置換機能では、オートシェイプの中の文字列を置換できません。しかし、マクロを使えば置換も可能です。ここでは、オートシェイプの文字列へのアクセス方法と、その際のコツを紹介しましょう。

オートシェイプのオブジェクトを総当たりで調べる

Excelのオートシェイプは、配置場所を柔軟に決めることができ、セルの枠線が配置場所の目安になります。さらにページやスライドの大きさの制約を受けないため、実はWordやPowerPointより図版の作成では便利です。ただ、オートシェイプの中に文字を入力した場合、検索・置換機能で探せないという問題があります。

しかし、**マクロを使えば、オートシェイプ内の文字列も置換できます**。1つのシート上に配置されたオープシェイプはShapesコレクションという集合体になっており、個々のオートシェイプはShapesコレクションにShapeオブジェクトとして含まれています。オートシェイプの文字列を置換する場合は、Shapesコレクション内のShapeオブジェクトから総当たりで文字列を読み出し、置換後の文字列を書き戻すという手法をとります。

すべてのShapeの文字列を置換する

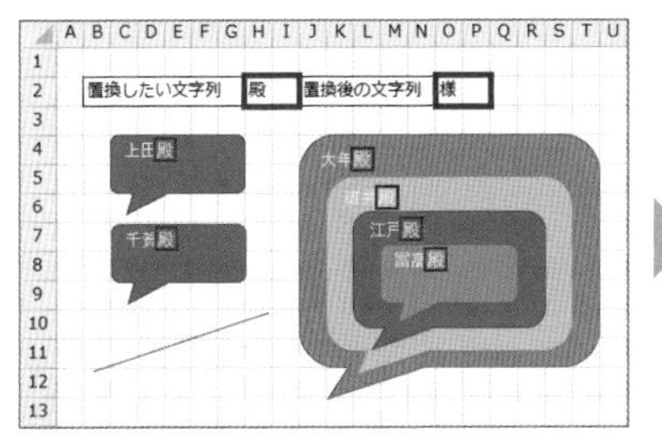

このサンプルでは、各オートシェイプに名字に「殿」を付けたテキストが埋め込まれている

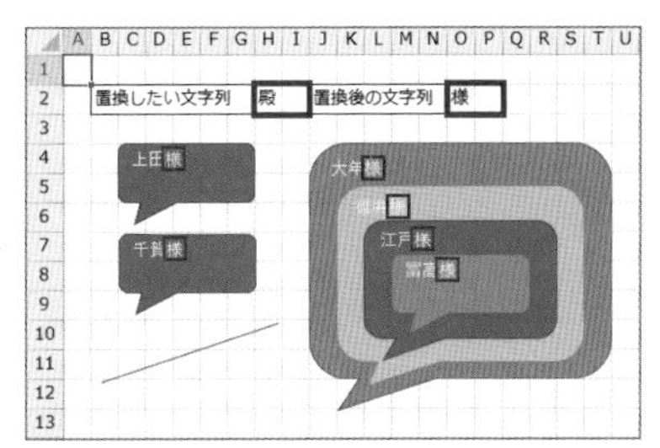

マクロを実行すると、各々の文字列の「殿」が「様」に置き換わる。グループとしてまとめられていても、個々のShapeへのアスセスが可能だ

3-13-01.xlsm

```
Sub ReplaceShapes()

  Dim Shp As Shape            'Shapesからのオートシェイプ取り出し用
  Dim strBefore As String     '置換対象文字列格納用
  Dim strAfter As String      '置換後の文字列格納用

  strBefore = Range("H2").Value
  strAfter = Range("O2").Value

  For Each Shp In ActiveSheet.Shapes ── Shape(Shp)に1つずつアクセス(❶)
    Call ReplaceShapeOne(Shp, strBefore, strAfter) ── チェックと置換を行う(❷)
  Next

End Sub

Sub ReplaceShapeOne(Shp As Shape, strBefore As String, ↵ 1行
strAfter As String)

  Dim ShpChild As Shape  'オートシェイプ格納用

  If Shp.Type = msoGroup Then ── Shapeがグループかをチェック(❸)
    For Each ShpChild In Shp.GroupItems ── グループ内のShapeに1つずつアクセス(❹)
      Call ReplaceShapeOne(ShpChild, strBefore, strAfter) ── チェックと置換を行う(❺)
    Next
  Else
    If Shp.TextFrame2.HasText = msoTrue Then
      Shp.TextFrame.Characters.Text _
      = Replace(Shp.TextFrame.Characters.Text, strBefore, strAfter)
    End If                                  ── 置換した文字列を書き戻す(❻)
  End If

End Sub
```

❶ Shapes内のShapeへはFor Eachループで総当たり

1つのシートに配置されたオートシェイプは、Shapesコレクションにまとめられています。個々にアクセスするならシェイプ名を指定しますが、すべてのシェイプに総当たりする場合はFor Eachループを使います。なお、シェイプ名を調べるには、[ホーム]タブの[編集]グループで[検索と置換]から[オブジェクトの選択と表示]を選択し、[選択]ウィンドウで確認できます。

Shapeの名称を確認する

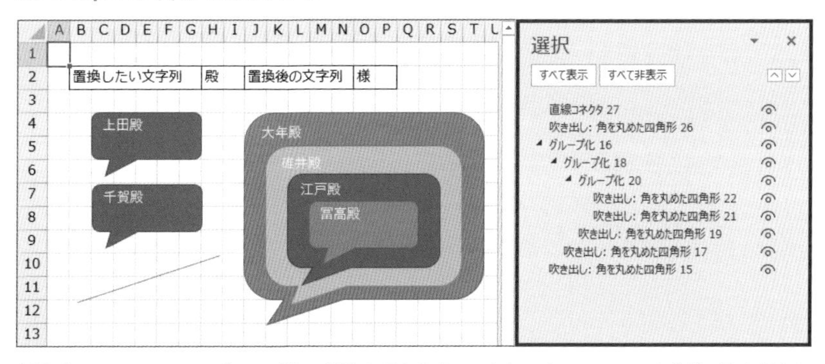

[選択] ウィンドウでは、グループ化の構造なども含めシート上のすべてのシェイプが一覧表示される。シェイプ名を指定してシェイプへアクセスする場合は、「Shapes("吹き出し: 角を丸めた四角形 21").～」などとする

❷❸❹❺「グループ」も１つのShapeとして扱われる

ここで紹介するマクロで用意したShapeでは、いくつかの吹き出しをグループ化しています。「大年殿」「碓井殿」「江戸殿」「冨高殿」のセットでは、「江戸殿」と「冨高殿」をグループ化、これと「碓井殿」をグループ化、これと「大年殿」をグループ化しています。この状態は、[選択] ウィンドウを見るとわかるように、グループがネスト（入れ子）状態になっています。これに対処するため、「Shapeがグループかどうかを判定する」以降のロジックを「ReplaceShapeOne」として別のプロシージャにし、グループの中のグループの場合はさらにReplaceShapeOneプロシージャを呼び出すという手法をとっています。このように、1つのプロシージャが自分自身を呼び出す手法は「再帰呼び出し」と呼ばれます。

❻ Shape内のテキストにアクセスする

Shape内のテキストは「（シェイプ）.TextFrame.Characters.Text」プロパティで読み書きが可能です。ただし、直線コネクタなど、テキストを含められない種類のシェイプもあります。そこで、Textプロパティへアクセスする前に「（シェイプ）.TextFrame2.HasText」プロパティでテキストを持てる種類のシェイプかどうかをチェックします。このプロパティがmsoTrueであれば、Textプロパティなどテキスト関係のプロパティへのアクセスが可能です。

時短 20 分

名前にあとからふりがなを振る

Excelでは漢字にふりがなを振ることができますが、これは直接セルに入力した文字列にしか効きません。マクロを使えば、テキストファイルなどから貼り付けた文字列でもふりがなやよみがなを表示することが可能です。

Excel以外で入力した文字列にふりがなを追加する

Excelには、セルにかなを入力して漢字変換した場合、変換確定前の文字列を保存しておく機能があります。そのため、[ホーム]タブの[フォント]グループで[ふりがなの表示／非表示]から[ふりがなの表示]を選択すると、選択したセルの値が文字列であれば、ふりがなが表示されます。

しかし、Excelで入力したのではなく、ほかのアプリなどから**貼り付けた文字列にふりがなを振るには、SetPhoneticプロパティを使います**。

■貼り付けた文字列にふりがなを振る

	A	B	C	D	E
1					
2			氏名		
3		上田 亮太	兵頭 佑樹	碓井 智久	
4		猿谷 達	大年 吾一	江戸 貴則	
5		千賀 新司	礒山 佳紀	冨高 豊和	
6					
7					

テキストファイルから氏名をコピーしてセルに貼り付けておく

	A	B	C	D	E
1					
2			氏名		
3		ウエダ リョウタ 上田 亮太	ヒョウドウユウキ 兵頭 佑樹	ウスイ トモヒサ 碓井 智久	
4		サルヤ タチ 猿谷 達	ダイトシ ゴイチ 大年 吾一	エド タカノリ 江戸 貴則	
5		センガ シンジ 千賀 新司	イソヤマ ヨシノリ 礒山 佳紀	トミダカ トヨカズ 冨高 豊和	
6					

マクロを実行すると、氏名の上部にふりがなが追加される

3-14-01.xlsm

```
Sub SetRuby()

    Range("B3:D5").Phonetics.Visible = True ―― ふりがなの表示域を表示
    Range("B3:D5").SetPhonetic ―― セルの文字列を元にふりがなをセット(❶)

End Sub
```

❶ SetPhoneticプロパティはよみがなを作り出す

SetPhoneticプロパティは、WindowsのIMEが持つ再変換機能を利用して漢字からよみがなを推測し、ふりがなとしてセルにセットします。ただし、あくまでも推測なので、必ずしも正しい読み方になるとは限りません。マクロを実行後、一度確認する必要があります。また、IMEの機能に依存しますので、IMEのバージョンなどによって動作が異なる場合があります。なお、macOSでは正しく動作しません。

応用 よみがなをほかのセルに表示する

セルの上部への表示ではなく、ほかのセルによみがなを表示したい場合、ワークシート関数のPHONETICを使うことができます。ただ、セル上部への表示と同様に、ほかのアプリからコピーした文字列は漢字変換前の文字情報が入っていないので、PHONETIC関数は役に立ちません。

マクロでよみがなを取り出す場合、SetPhoneticプロパティではなく**ApplicationオブジェクトのGetPhoneticメソッドを使います**。このメソッドはセルの値だけではなく、単なる文字列からもよみがなを抽出できます。

右隣のセルによみがなを表示する

	A	B	C	D
1				
2		氏名	よみがな	
3		上田 亮太		
4		猿谷 達		
5		千賀 新司		
6		兵頭 佑樹		

テキストファイルから氏名をコピーしてセルに貼り付けておく

	A	B	C	D
1				
2		氏名	よみがな	
3		上田 亮太	ウエダ　リョウタ	
4		猿谷 達	サルヤ　タチ	
5		千賀 新司	センガ　シンジ	
6		兵頭 佑樹	ヒョウドウ　ユウキ	

マクロを実行すると、「氏名」の文字列のよみがなを抽出し、右隣のセルに表示できる

3-14-02.xlsm

```
Sub GetRuby()

  Dim row As Long  'シートの行番号

  For row = 3 To 12
    Cells(row, 3).Value = Application.GetPhonetic(Cells(row, 2).Value)
  Next

End Sub
```

セル内の文字列から抽出したよみがなを格納

3 / 15

時短 20 分

選択範囲の空白のセルに斜線を一括で引く

空白のセルに罫線を引くだけなら、マクロを使うまでもなく、条件付き書式を使えば可能です。しかし、なぜか条件付き書式で斜線を引くことはできません。どうすれば斜線を引けるのでしょうか。

セルの状態を判別して斜線を引く

マクロで**空白のセルに斜線を引く**には、選択範囲から空白のセルを抽出してプロパティを変更します。

選択範囲の空白セルに斜線の罫線を追加する

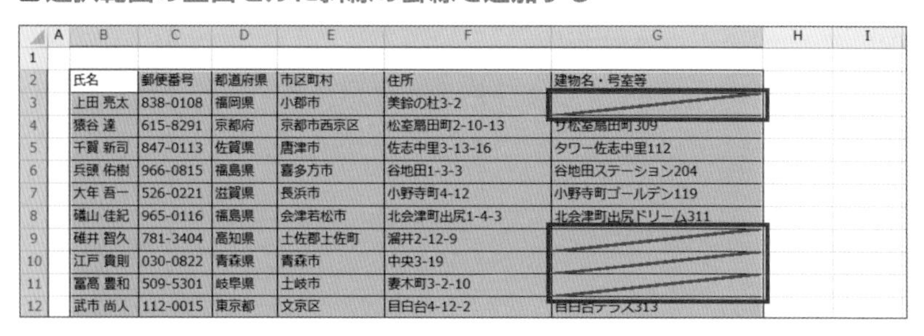

氏名	郵便番号	都道府県	市区町村	住所	建物名・号室等
上田 亮太	838-0108	福岡県	小郡市	美鈴の杜3-2	
猿谷 達	615-8291	京都府	京都市西京区	松室扇田町2-10-13	サ松室扇田町309
千賀 新司	847-0113	佐賀県	唐津市	佐志中里3-13-16	タワー佐志中里112
兵頭 佑樹	966-0815	福島県	喜多方市	谷地田1-3-3	谷地田ステーション204
大年 吾一	526-0221	滋賀県	長浜市	小野寺町4-12	小野寺町ゴールデン119
礒山 佳紀	965-0116	福島県	会津若松市	北会津町出尻1-4-3	北会津町出尻ドリーム311
碓井 智久	781-3404	高知県	土佐郡土佐町	溜井2-12-9	
江戸 貴則	030-0822	青森県	青森市	中央3-19	
冨髙 豊和	509-5301	岐阜県	土岐市	妻木町3-2-10	
武市 尚人	112-0015	東京都	文京区	目白台4-12-2	目白台テラス313

斜線を引きたい範囲をあらかじめ選択しておく。マクロを実行すると、空白のセルにだけ斜線が追加される。なお、空白セルを1つだけ選択してマクロを実行すると、Shift + Ctrl + * で選択される範囲で実行したのと同じ結果になる

3-15-01.xlsm

```
Sub SetDiagonalLine()

    Dim RuledLine As Border    '罫線オブジェクト格納用

    Set RuledLine = Selection.SpecialCells(xlCellTypeBlanks).
      Borders(xlDiagonalUp)
    RuledLine.Color = XlRgbColor.rgbForestGreen
    RuledLine.Weight = XlBorderWeight.xlThick

End Sub
```

選択範囲から空白セルの斜線オブジェクトを抽出（1行）

斜線の色を指定

斜線の太さを指定

ここでは、SelectionやRangeなどのセルのコレクションから特定の条件のセルを抽出するSpecialCellsメソッドを使います。空白セルを抽出したいので、xlCellTypeBlanks定数を指定しています。抽出したセルのコレクションのBorders（罫線）コレクションにxlDiagonalUp定数を指定すれば、対象セルの「左下から右上の罫線」のコレクションが取得できます。あとは、この罫線コレクションに対してColor（線の色）プロパティやWeight（線の太さ）プロパティを変更するだけです。

COLUMN

斜線の色や太さなどを変更するには

サンプルでは斜線の色はフォレストグリーンにしていますが、ほかの色にするにはコードの「rgbForestGreen」を変更します。

定数	値	説明
rgbBrown	2763429	茶
rgbRed	255	赤
rgbOragne	42495	オレンジ
rgbYellow	65535s	黄
rgbGreen	32768	緑
rgbLime	65280	黄緑
rgbNavy	8388608	ネイビー

定数	値	説明
rgbBlue	16711680	青
rgbPurple	8388736	紫
rgbViolet	15631086	薄紫
rgbPink	13353215	ピンク
rgbBlack	0	黒
rgbGray	8421504	灰色
rgbWhite	16777215	白

ほかにどんな色があるかは、Microsoftのサイトを参照してください。

https://docs.microsoft.com/ja-jp/office/vba/api/excel.xlrgbcolor

また、斜線の太さは4種類から選択できます。コードの「xlThick」を変更すると、太さが変わります。

定数	値	説明
xlHairline	1	極細線
xlThin	2	細線
xlMedium	-4138	普通
xlThick	4	太線

そのほか、サンプルでは斜線を右上がりに引いてありますが、右下がりに引くには「xlDiagonalUp」を「xlDiagonalDown」に変更します。

3 / 16

時短40分

同じ値の入ったセルに色を付ける

重複してはいけないリストで重複が存在するとき、条件付き書式を使えば、重複した値のセルに背景色が設定されます。ただ、すべて同じ色に設定されるため、ちょっと不便です。何か方法はないでしょうか。

重複する値のセットごとに別々の色で塗り分ける

[ホーム]タブの[条件付き書式]で、[セルの強調表示ルール]から[重複する値]を選択すると、選択範囲の中から重複する値の入ったセルの背景色を変更することができます。通常はそれで十分かもしれませんが、重複しているセルが多くなると、どことどこが重複しているのかを確認しなければならないため、かなり面倒です。

そこで、**重複している値のセットを別々の色に色分けする**マクロを紹介します。マクロを使って、同じ値の組み合わせにそれぞれ別の色を付ければ、かなり探しやすくなるはずです。

ここでは、選択されたセル範囲を2つの変数(cellAとcellB)に割り当てて、二重ループで各データを総当たりで突き合わせて同一かどうかを判定しています。以下のサンプルでは、同じ値があちこちに出現しているため、背景色が色とりどりになっていますが、同じ値が少なければ目視での確認に役立つことでしょう。

選択範囲内の同じデータにそれぞれ色を付ける

	A	B	C	D	E	F
1						
2		講習会 出席者名簿				
3		6月	7月	8月	9月	
4		礒山 佳紀	猿谷 達	千賀 新司	笠 幸伸	
5		猿谷 達	上田 亮太	上田 亮太	大年 吾一	
6		大年 吾一	小比賀 公	冨高 豊和	戸谷 正光	
7		武市 尚人	佐俣 廣	江戸 貴則	加戸 陽輔	
8		碓井 智久	千賀 新司	槇野 一美	兵頭 佑樹	
9		中迫 晋一	礒山 佳紀	兵頭 佑樹	洪 芳明	
10						

比較したい範囲をあらかじめ選択しておく

	A	B	C	D	E	F
1						
2		講習会 出席者名簿				
3		6月	7月	8月	9月	
4		礒山 佳紀	猿谷 達	千賀 新司	笠 幸伸	
5		猿谷 達	上田 亮太	上田 亮太	大年 吾一	
6		大年 吾一	小比賀 公	冨高 豊和	戸谷 正光	
7		武市 尚人	佐俣 廣	江戸 貴則	加戸 陽輔	
8		碓井 智久	千賀 新司	槇野 一美	兵頭 佑樹	
9		中迫 晋一	礒山 佳紀	兵頭 佑樹	洪 芳明	
10						

マクロを実行すると、それぞれ同じ氏名には同じ背景色がセットされる

3-16-01.xlsm

```
Sub MatchSameCell1()

  Dim cellA As Range    '突き合わせ対象セル格納用(多重ループ外側用)
  Dim cellB As Range    '突き合わせ対象セル格納用(多重ループ内側用)
  Dim clrIdx As Long: clrIdx = 56     'セットする色の初期値を設定

  For Each cellA In Selection
    For Each cellB In Selection
      If cellA.Value = cellB.Value And cellA.Address <> cellB.
      Address Then
        Call SoftenColor(cellA, clrIdx)
        Call SoftenColor(cellB, clrIdx)
        clrIdx = clrIdx - 1
      End If
    Next
  Next

End Sub


Sub SoftenColor(cell As Range, clrIdx As Long)

  cell.Interior.ColorIndex = clrIdx
  cell.Interior.TintAndShade = 0.6

End Sub
```

選択範囲を二重ループにして セルの総当たり突き合わせを行う(❶)

「データが同じ」で「セル位置が違う」ことをヒット条件とする(❷)

1行

ヒットしたセルのそれぞれの背景色をセット(❸)

使用した色番号を別の番号に変更(❹)

指定した色番号を背景色にセットして色を薄くする(❺)

❶ 二重ループで選択範囲のすべてのセルを突き合わせる

RangeやSelectionなど複数のセルを持つコレクションをFor Eachループで回すと、そのコレクションのすべてのセルをループの内側で1つずつ扱えます。ここでは同じSelectionを二重ループにしているので、ループの内側ではSelectionのすべてのセルの組み合わせで突き合わせられます。

❷ 同じセル同士の突き合わせを除外する

二重ループではセルの総当たりで比較を行うので、同じセル同士の組み合わせもあります。同一セルの可能性があるため、判断条件としては「データが同じ」だけでは不十分です。そこで、「比較するそれぞれの位置が異なる」も判断条件に含めています。なお、Addressプロパティは、セルの位置を保持しています。

❸ セルの背景色をセットする

セル範囲と色を後ろのSoftenColorプロシージャに渡して、背景色を設定します。

❹❺ 同じデータごとに違う色でセルを塗り分ける

ColorIndexプロパティは、VbRedなどの色定数やRGB関数ではなく、Excelで用意されている57色の「パレット」(よく使う色)番号で色を指定します(0～57)。ただし、パレット色をそのまま使うと、文字が読めないほど濃い色になる場合がありますので、TintAndShadeプロパティで60%に色を薄くしています。

応用 3つ以上ある同じデータの組み合わせに対応する

すでに挙げたマクロは、同じデータが3つ以上ある場合に対応していません。1番目と2番目の組み合わせ、1番目と3番目の一致が別々の判定となり、それぞれ別の色で塗られるので、最終的に「同じデータでも違う色で塗られている」状態となってしまうのです。これは、色番号を変更するタイミングを変えることで解決が可能です。

3つ以上の同じデータの組み合わせに同じ色をセットする

	A	B	C	D	E	F
1						
2		講習会 出席者名簿				
3		6月	7月	8月	9月	
4		礒山 佳紀	猿谷 達	小比賀 公	上田 亮太	
5		猿谷 達	上田 亮太	洪 芳明	冨高 豊和	
6		大年 吾一	碓井 智久	中迫 晋一	礒山 佳紀	
7		武市 尚人	佐俣 廣	笠 幸伸	横野 一美	
8		兵頭 佑樹	千賀 新司	佐俣 廣	兵頭 佑樹	
9		中迫 晋一	礒山 佳紀	冨高 豊和	千賀 新司	
10		千賀 新司	兵頭 佑樹	上田 亮太	小比賀 公	
11						

3-16-01.xlsmでは、3つ以上同じ値があると、値が同じであるにもかかわらず、一部のセルが別の色で塗られてしまう

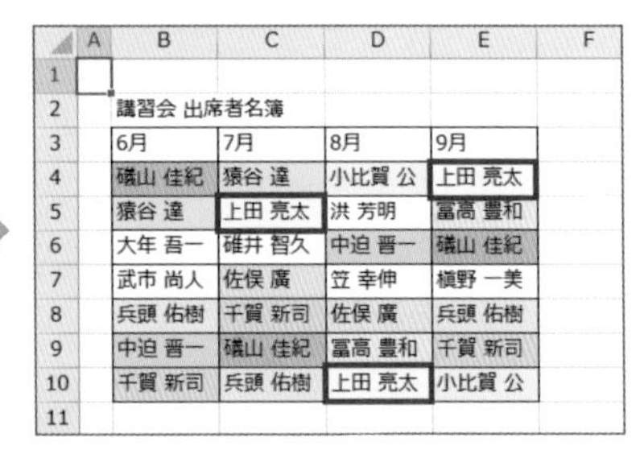

	A	B	C	D	E	F
1						
2		講習会 出席者名簿				
3		6月	7月	8月	9月	
4		礒山 佳紀	猿谷 達	小比賀 公	上田 亮太	
5		猿谷 達	上田 亮太	洪 芳明	冨高 豊和	
6		大年 吾一	碓井 智久	中迫 晋一	礒山 佳紀	
7		武市 尚人	佐俣 廣	笠 幸伸	横野 一美	
8		兵頭 佑樹	千賀 新司	佐俣 廣	兵頭 佑樹	
9		中迫 晋一	礒山 佳紀	冨高 豊和	千賀 新司	
10		千賀 新司	兵頭 佑樹	上田 亮太	小比賀 公	
11						

3-16-02.xlsmのように色番号の変更タイミングを調整すれば、同じ値がいくつあっても、値が同じセルはすべて同じ色で塗られるようになる

3-16-02.xlsm

```
Sub MatchSameCell2()

    Dim cellA As Range          '突き合わせ対象セル格納用(多重ループ外側用)
    Dim cellB As Range          '突き合わせ対象セル格納用(多重ループ内側用)
```

```
  Dim clrIdx As Long: clrIdx = 56  'セットする色の初期値を設定
  Dim fgSame As Boolean '突き合わせ結果に同一があったかの判定フラグ

  For Each cellA In Selection
    fgSame = False ———— 同じデータがあったかの判定フラグをFalseにセット(❶)
    For Each cellB In Selection
      If cellA.Value = cellB.Value And cellA.Address <>  1行
        cellB.Address Then
        Call SoftenColor(cellA, clrIdx)
        Call SoftenColor(cellB, clrIdx)
        fgSame = True ———— 同じデータであれば判定フラグをTrueにセット(❷)
      End If
    Next
    If fgSame = True Then clrIdx = clrIdx - 1 ——— 判定フラグがTrueであれば色番号を変更(❸)
  Next

End Sub

Sub SoftenColor(cell As Range, clrIdx As Long)

  cell.Interior.ColorIndex = clrIdx
  cell.Interior.TintAndShade = 0.6

End Sub
```

ループA / ループB

❶❷❸ 色番号の変更を外側のループで行う

外側のループ（ループA）の内側では、ループAが示すセルは1つです。この1つのセルに対して、内側のループ（ループB）がすべてのセルを1つずつ突き合わせます。ループAが回るごとに判定フラグをリセットし、ループBでヒットした場合に判定フラグをTrueにするという仕掛けを入れておきます。すると、ループBが完了した時点で判定フラグを確認すれば、ループAの1つのセルに同じデータの別セルがあったかがわかります。あとは、判定フラグがTrueのときだけ、色番号を変更すればよいのです。

⚠ ATTENTION

ここで紹介したマクロではパレットを使っているため、重複する値の数が多すぎると値が異なるのに同じ背景色になったり、色が足りなくなってエラーで停止したりします。

3 / 17

時短 10 分

表に追加したいデータを表の最上部に簡単に追加する

表の最下部にデータを追加していく場合は問題ありませんが、追加データを必ず表の最上部に追加していく場合、いちいち行を追加してから入力するなど、手間が増えます。うまくやる方法はあるのでしょうか。

表の最上部に空行を作ってから追加する

常に表の最上部にデータを追加する場合、別の場所に入力専用のセルを用意し、マクロで値を表に貼り付けると便利です。単純にコピー&ペーストすると上書きになってしまうので、まず**表の最上部に1行追加して空行を作り、そこに入力部のデータを貼り付けます**。

■入力したデータを表の最上部に追加する

データを入力して(❶)、[挿入]ボタンをクリックすると(❷)、マクロが実行される

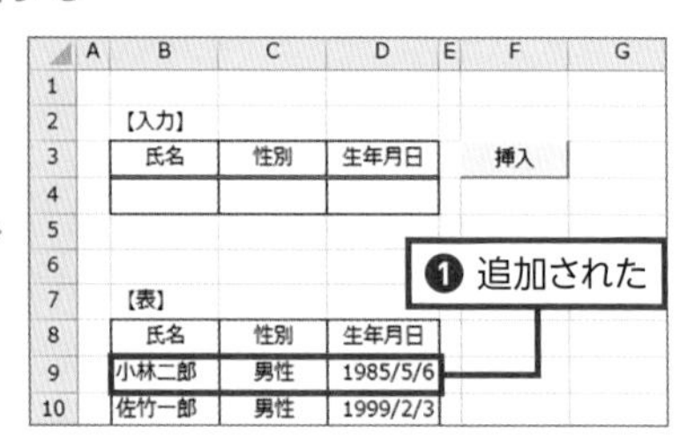

既存のデータは1行下にずれ、入力したデータが見出しの直下にコピーされる(❶)

3-17-01.xlsm

```
Sub SetDataRow()

  Dim sht As Worksheet
  Set sht = ActiveSheet

  sht.Rows(9).Insert(XlInsertShiftDirection.xlShiftDown)
  sht.Rows(4).Copy(sht.Rows(9))
  sht.Rows(4).ClearContents

End Sub
```

1行挿入して既存のデータを下へ送る

入力したデータを表見出しの直下の行にコピー

入力したデータを消去

背景色が設定されたセルの数を数える

背景色を塗り分けられたセルの個数を色ごとにカウントしたいとき、色を変えるごとにカウント用のマクロを実行するのは少々面倒です。セルの数式と組み合わせて、自動的に再計算してみましょう。

背景色ごとにセルをカウントする

Excelの「色」には、少々注意が必要です。特定の値が入ったセルの背景色を黄色に変更したり、注意すべき値のセルでは文字色を赤に設定したりして、見る人の注意を引く方法は広く使われています。しかし、**色分けしたセルの数に意味を持たせる運用は避けるべきです**。なぜなら、セルの値は関数を使えば、簡単に数えることができますが、背景色などの色を数える機能や関数は用意されていないからです。

どうしても背景色を設定されたセルを数えたいなら、マクロを使います。**背景色を数値として返すFunctionプロシージャを作り、関数としてワークシートで使用します**。こうすれば、背景色からセルの値を導けるので、ワークシート関数のCOUNTIFでカウントできるようになります。

背景色ごとの個数をCOUNTIF関数でカウントする

	A	B	C	D	E	F	G	H	I	J	K	L
1		検査結果					色番号					
2		第1営業部	第2営業部	総務部	経理部		第1営業部	第2営業部	総務部	経理部		
3		上田 亮太	礒山 佳紀	武市 尚人	戸谷 正光							
4		猿谷 達	碓井 智久	槇野 一美	佐俣 廣							
5		千賀 新司	江戸 貴則		小比賀 公							
6		兵頭 佑樹	冨高 豊和									
7		大年 吾一	洪 芳明									
8		中迫 晋一	加戸 陽輔									
9		笠 幸伸										
10												
11		検査合格										
12		検査不合格										
13		検査未実施										
14												

左の「検査結果」表では各セルが黄色、青色、背景色なしの３種類に塗り分けられている。塗り分けられたセルの数をそれぞれ数えたい。右に背景色を数値化した値を格納する「色番号」表を作成しておく

	A	B	C	D	E	F	G	H	I	J	K	L
1		検査結果					色番号					
2		第1営業部	第2営業部	総務部	経理部		第1営業部	第2営業部	総務部	経理部		
3		上田 亮太	磯山 佳紀	武市 尚人	戸谷 正光		13434879	13434879	15652797	13434879		
4		猿谷 達	碓井 智久	槇野 一美	佐俣 廣		13434879	16777215	13434879	13434879		
5		千賀 新司	江戸 貴則		小比賀 公		13434879	13434879		15652797		
6		兵頭 佑樹	冨高 豊和				16777215	13434879				
7		大年 吾一	洪 芳明				15652797	16777215				
8		中迫 晋一	加戸 陽輔				13434879	15652797				
9		笠 幸伸					16777215					
10												
11		検査合格	13434879	10								
12		検査不合格	15652797	4								
13		検査未実施	16777215	4								
14												
15												

マクロで作成したFunctionプロシージャを使って、各セルの背景色を数値化し、「色番号」表に表示する。その数値をCOUNTIF関数で数えた結果を左下に表示した

では、まずここで利用するFunctionプロシージャを挙げておきます。Functionプロシージャは Subプロシージャと異なり、単体では実行されず、Subプロシージャやワークシートから関数として呼び出されて処理を行います。ここでは、ワークシート関数と同様にセルに入力して利用します。

3-18-01.xlsm

```
Function GetColor(cell As Range) As Long   ── Functionプロシージャとして定義（❶）

  GetColor = cell.Interior.Color   ── Functionの返り値を背景色とする

End Function
```

❶ VBAの関数を数式で使う

標準モジュールにFunctionプロシージャとして作成した関数は、通常のワークシート関数と同じようにセルに記述できます。

次に、上で作成したGetColor関数を使って、「検査結果」表のセルの背景色を「色番号」表に取り出します。検査結果が空欄のときに背景色が白とカウントされないよう、IF関数を使って検査結果の値がないセルの背景色は表示しない設定としておきます。

セルの値としてVBAの関数を使用する

	A	B	C	D	E	F	G	H	I	J	K	L
1		検査結果					色番号					
2		第1営業部	第2営業部	総務部	経理部		第1営業部	第2営業部	総務部	経理部		
3		上田 亮太	礒山 佳紀	武市 尚人	戸谷 正光		=if(B3="","",GetColor(B3))					
4		猿谷 達	碓井 智久	槙野 一美	佐俣 廣							
5		千賀 新司	江戸 貴則		小比賀 公							
6		兵頭 佑樹	冨高 豊和									
7		大年 吾一	洪 芳明									
8		中迫 晋一	加戸 陽輔									
9		笠 幸伸										
10												
11		検査合格										
12		検査不合格										
13		検査未実施										
14												

セルG3に「=IF(B3="","",GetColor(B3))」と入力する。「検査結果」表のセルが空欄の場合、「検査未実施」にカウントしないように、色番号を表示しないようにした。GetColor関数は、途中まで入力すれば候補が表示されるので、Tab を押せば補完される

▼

	A	B	C	D	E	F	G	H	I	J	K	L
1		検査結果					色番号					
2		第1営業部	第2営業部	総務部	経理部		第1営業部	第2営業部	総務部	経理部		
3		上田 亮太	礒山 佳紀	武市 尚人	戸谷 正光		13434879					
4		猿谷 達	碓井 智久	槙野 一美	佐俣 廣							
5		千賀 新司	江戸 貴則		小比賀 公							
6		兵頭 佑樹	冨高 豊和									
7		大年 吾一	洪 芳明									
8		中迫 晋一	加戸 陽輔									
9		笠 幸伸										
10												
11		検査合格										
12		検査不合格										
13		検査未実施										
14												
15												

確定すると、セルB3の背景色が数値で取り出せる。あとは、「色番号」表に数式をコピーしていけばよい

▼

	A	B	C	D	E	F	G	H	I	J	K	L
1		検査結果					色番号					
2		第1営業部	第2営業部	総務部	経理部		第1営業部	第2営業部	総務部	経理部		
3		上田 亮太	礒山 佳紀	武市 尚人	戸谷 正光		13434879	13434879	15652797	13434879		
4		猿谷 達	碓井 智久	槙野 一美	佐俣 廣		13434879	16777215	13434879	13434879		
5		千賀 新司	江戸 貴則		小比賀 公		13434879	13434879		15652797		
6		兵頭 佑樹	冨高 豊和				16777215	13434879				
7		大年 吾一	洪 芳明				15652797	16777215				
8		中迫 晋一	加戸 陽輔				13434879	15652797				
9		笠 幸伸					16777215					
10												
11		検査合格	=GetColor(B11)									
12		検査不合格										
13		検査未実施										
14												

今度は、集計部分から背景色を取り出す。「検査結果」表では、合格者を黄色の背景色に設定したので、「検査合格」セルも背景色を黄色に設定した。セルC11に「=GetColor(B11)」と入力。「検査不合格」と「検査未実施」も同様にする

▼

	A	B	C	D	E	F	G	H	I	J	K	L
1		検査結果					色番号					
2		第1営業部	第2営業部	総務部	経理部		第1営業部	第2営業部	総務部	経理部		
3		上田 亮太	礒山 佳紀	武市 尚人	戸谷 正光		13434879	13434879	15652797	13434879		
4		猿谷 達	碓井 智久	槙野 一美	佐俣 廣		13434879	16777215	13434879	13434879		
5		千賀 新司	江戸 貴則		小比賀 公		13434879	13434879		15652797		
6		兵頭 佑樹	冨高 豊和				16777215	13434879				
7		大年 吾一	洪 芳明				15652797	16777215				
8		中迫 晋一	加戸 陽輔				13434879	15652797				
9		笠 幸伸					16777215					
10												
11		検査合格	13434879	=COUNTIF($G$3:$J$9,C11)								
12		検査不合格	15652797									
13		検査未実施	16777215									
14												

集計表で「検査合格」の背景色を数値に変換できたので、この数値（13434879）が「色番号」表にいくつあるかをワークシート関数のCOUNTIFでカウントする数式を入力すればよい。「検査不合格」と「検査未実施」も同様にする。これで背景色をうまくカウントできたはずだ

ATTENTION

Excelで色のついたセルを数えるのは面倒なので、そもそもここで扱ったような表は作成すべきではありません。セルに直接色を付けるのではなく、名前と検査結果を並べた表を作り、検査結果によって名前の色が変わるように条件付き書式を適用するほうがずっと扱いやすい表になります。ただ、セルの背景色や文字色を変更すると、見た目はわかりやすくなるので、完全に禁止するのは難しいでしょう。ここで紹介したマクロは、そんな表を扱うときのための「奥の手」です。

マクロを使わずに済む表の作り方

すでに述べたように、セルの背景色の色分けを行いつつ、簡単に数を数えるには条件付き書式を利用するべきです。以下に挙げた表であれば、マクロを使わなくても、関数で「合」「否」「未」を簡単にカウントできます。なお、この表は所属部ごとに列を改めるのではなく、1列にすると条件付き書式の設定が楽になります。

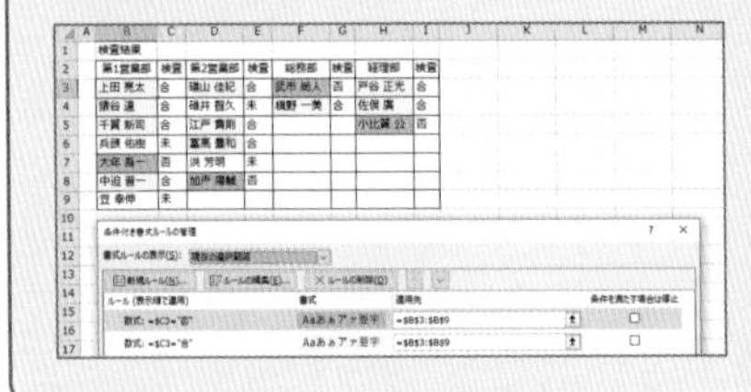

各メンバーの横に「検査」列を作成し、そこに合格か不合格かを入力する。「合」が合格で、「否」が不合格、「未」が未実施を表す。名前の入ったセルは、右隣の「検査」列の値によって背景色が変わるように条件付き書式が設定してある

第4章

シートやブックをVBAで手軽に操作する

本章では、操作の対象をシートやブックにまで広げて、第3章よりも高度なマクロを扱います。高度ではありますが、複数のブックの集計の作業を時短するのに役立つマクロも紹介しているので、ぜひ読み進めてください。

同じシート上のセルの値を扱うときは、標準モジュールにコードを記述し、操作対象のシートをアクティブにした状態で実行すれば、特にシートを指定しなくてもマクロは正しく動作します。しかし、シートをまたいだマクロでは、操作対象のオブジェクトとしてシートを指定しなければ、うまく動作しません。

また、フィルターでデータを絞り込む際にキーとなる、抽出条件の指定方法も詳しく解説しました。フィルターは大変便利な機能ですが、マウス操作で実行すると、小さなチェックボタンを何度もクリックする必要があるなど、細かく設定するには手間がかかります。そこをマクロに任せれば、作業時間が短縮できるだけでなく、小さなボタンを判別する労力も省けます。

ちなみに、本章のコードでは行数を減らすため、定数を使っていません。複雑なマクロに取り組みたいときは定数を使って書き換えることを検討してください。

4 / 01

時短 10 分

2つのシートを比較して異なる値のセルを見つける

シート間で内容の異なるセルを確認したい場合に、目で見て比較すると大変な手間がかかりますが、内容の異なる部分を見つけて自動でコメントを付けるマクロを使えば作業時間の大きな短縮が可能です。

2つのシートで値の異なるセルにコメントを付ける

ブック内の2つのシート間で値の異なるセルを特定したいケースは頻繁にあると思いますが、そのたびに目視でのチェックを行うと大変な時間がかかり、ミスも発生しがちです。**自動でシート間の違いを見つけて内容の異なるセルにコメントを付けるマクロを実行すれば、マニュアル操作での手間とミスがなくなるので、大幅な時短につながります。**

このマクロでは比較する範囲を指定して、比較対象にするシートを選び、2つのシートの間でそれぞれのセルの値を比較してその値が異なる場合には該当する元のセルにコメントを追加します。

2つのシートの値の違うセルにコメントを付ける

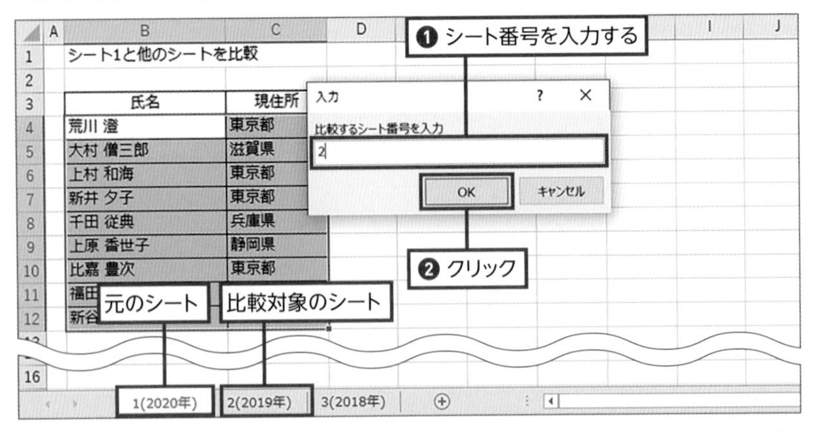

比較したい範囲を選択し、「Comment CompareSheets」マクロを実行する。入力ボックスが表示されるので、比較するシート番号を入力し（❶）、[OK] をクリックする（❷）

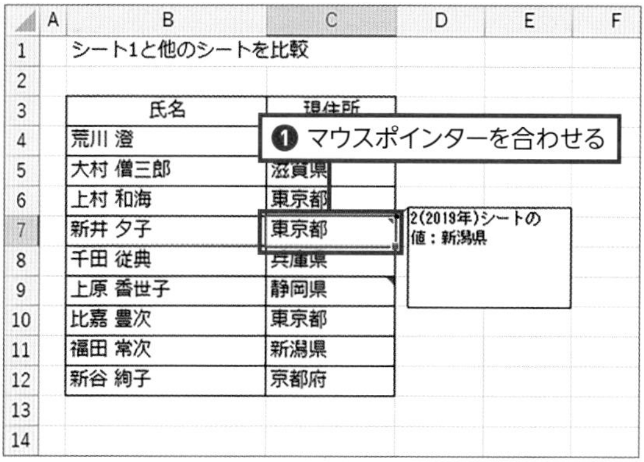

	A	B	C	D	E	F
1		シート1と他のシートを比較				
2						
3		氏名	現住所			
4		荒川 澄				
5		大村 僧三郎	滋賀県			
6		上村 和海	東京都			
7		新井 夕子	東京都			
8		千田 従典	兵庫県			
9		上原 香世子	静岡県			
10		比嘉 豊次	東京都			
11		福田 常次	新潟県			
12		新谷 絢子	京都府			
13						
14						

❶ マウスポインターを合わせる

2(2019年)シートの値：新潟県

値の異なるセル内の右上に赤い三角マークが表示される。これは、そのセルにコメントが存在することを表し、マウスポインターを合わせると、加えられたコメントがメモとしてシートの番号と内容が表示される(❶)。ここでは2019年に住所が変更になったのがわかる

4-01-01.xlsm

```
Sub CommentCompareSheets()

  Dim shtSelect As Worksheet   '比較対象のシート
  Dim rngSelect As Range       '比較する範囲
  Dim valData As String        '比較するセルの内容
  Dim inputNum As Long         '比較するシート番号の入力値

  Selection.ClearComments

  inputNum = Application.InputBox(Prompt:="比較するシート番号を入力",
    Type:=1)
  Set shtSelect = Worksheets(inputNum)

  For Each rngSelect In Selection
    valData = shtSelect.Range(rngSelect.Address).Value
    If rngSelect.Value <> valData Then
      rngSelect.AddComment (shtSelect.Name & "シートの値：" & valData)
    End If
  Next

End Sub
```

すでにあるコメントを削除(❶)

比較するシート番号の指定(❷)

内容の異なるセルにコメント追加(❸)

❶ 既存のコメントをクリア

コメントを付けるAddCommentメソッドでは、すでにコメントがある場合は実行時エラーが発生して追加できず、処理が中断します。しかし、事前に選択範囲のコメントをSelection.ClearCommentsで削除しておけば、エラーを避けることができます。

❷ 比較するシート番号を入力して指定

比較するシートの番号をInputBoxメソッドでキーボードを使って入力し「shtSelect」にセットします。なお、入力された値の整合性のチェックやエラー処理はしていません。

❸ 値の違うセルにコメントを付ける

選択したシートとの間で値を比較して異なる場合に、AddCommentメソッドでシート番号とその値をコメントとして加えます。

応用 ブック内のすべてのシートの値を比較する

では、比較する範囲を2つのシートではなく、ブック内のすべてのシートに広げたい場合にはどうすればよいでしょうか。次に紹介するマクロでは、年ごとに名前と現住所を列挙したリストを使用し、住所や姓が変わった年と変更内容がわかるようにコメントを付けることができます。

ただし、比較するセルに2つ以上のシートでの違いがある場合には、同一セルに複数のコメントは付けられないため、1つのコメントのみにします。サンプルではコメントがない場合にコメントを付け、すでにコメントが付けられている場合にはコメントの追加をスキップすることで対応しています。

以下、前述の2シートの場合と異なる部分について解説します。

比較の範囲をブック内のすべてのシートに広げる

	A	B	C	D	E	F
1		シート1と他の全シートを比較				
2						
3		氏名	住所			
4		荒川 澄	東京都			
5		大村 僧三郎	滋賀県			
6		上村 和海	東京都			
7		新井 夕子	東京都			
8		千田 従典	兵庫県			
9		上原 香世子	静岡県			
10		比嘉 豊次	東京都			
11		福田 常次	新潟県			
12		新谷 絢子	京都府			

1(2020年) 2(2019年) 3(2018年)

比較元のシート「1(2020年)」で、ブック内のほかのシートと比較する範囲を選択して「Comment CompareAll Sheets」マクロを実行する。入力ボックスが表示されるので、比較するシート番号を入力する

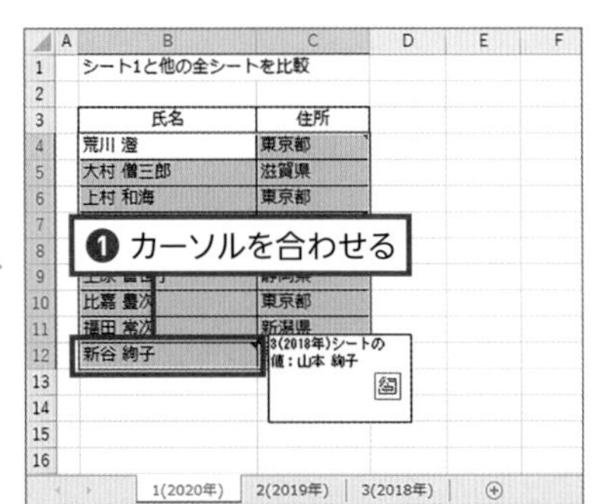

赤い三角マークの付いたコメントが加えられたセルにカーソルを合わせると(❶)、値の異なるシートの番号と内容が表示される。ここでは2018年に姓が変わったことがわかる

4-01-02.xlsm

```
Sub CommentCompareAllSheets()

  Dim shtSelect As Worksheet  '比較対象のシート
  Dim rngSelect As Range      '比較する範囲
  Dim valData As String       '比較するセルの内容
  Dim idx As Integer          '比較するシート番号をカウントする

  Selection.ClearComments

  For idx = 2 To Worksheets.Count
    Set shtSelect = Worksheets(idx)

    For Each rngSelect In Selection
      valData = shtSelect.Range(rngSelect.Address).Value
      If rngSelect.Value <> valData And rngSelect.NoteText = "" Then
        rngSelect.AddComment (shtSelect.Name & "シートの値：" & valData)
      End If
    Next

  Next
End Sub
```

比較するシート番号を指定（2～最終シート）（❶）

内容の異なるセルにコメント追加（❷）

❶ 比較するシート番号を順に指定する

比較するシートの番号を2からブック内の最後のシートまで順に「shtSelect」にセットします。

❷ 値の違うセルにコメントを付ける

「shtSelect」にセットされたそれぞれのシートと比較元のシート「1(2020年)」との間で値を比較して異なる場合、AddCommentメソッドでシート番号とその値をコメントとして加えます。すでにコメントが付けられている場合にはコメントの追加をスキップします。

4 / 02

2つのシートで片方にのみ存在する行を見つける

シート間で片方にのみにある行を抽出してまとめたい場合に、内容の異なる行を見つけるのは大変な労力が必要です。こういうときは、データを抽出するマクロを使えば、労力だけでなく時間も大幅に節約できます。

片方のシートにしかない行をコピーする

2つのシート間で片方にのみ存在する行を見つけ出して抽出してまとめたい場合は、ここで紹介する**マクロで異なる行を見つけてデータを抽出し、別のシートにコピーする処理を実行すれば、時間をかけずに片方のみにある行を1つのシートにまとめることが可能です**。

ここで紹介するマクロでは、まず左端の「Sheet1」にある表の1列目と左から2番目の「Sheet2」にある表の1列目から比較する範囲を定めます。その際、行数が異なる場合も考慮してCurrentRegionプロパティを使い、空白セルで囲まれたデータの存在する範囲を自動で設定します。そして、それぞれの列で「Sheet1にあってSheet2にないデータ」と「Sheet2にあってSheet1にないデータ」をCountIfメソッドを使って抽出し、追加した新しいシートにコピーします。

片方のみにある行を新しいシートにコピーする

2つのシートの片方のみにある行を抽出

氏名	読み	郵便番号
小坂 広明	コサカ ヒロアキ	709-4334
平野 厚史	ヒラノ アツシ	133-0056
古谷 健也	コタニ ケンヤ	901-0151
岡田 啓矩	オカダ ヒロノリ	087-0165
成田 拓夫	ナリタ タクオ	675-2202
原口 和久	ハラグチ カズヒサ	847-1503
多田 裕子	タダ ユウコ	981-1516

Sheet1 Sheet2

サンプルでは、「Sheet1」と「Sheet2」に片方にしかない内容の行と両方にある行のいずれも存在している

平野 厚史	ヒラノ アツシ	133-0056
秋元 理恵	アキモト リエ	191-0065
臼井 留美子	ウスイ ルミコ	665-0072
川野 真紀子	コウノ マキコ	905-0406
小池 佐十郎	コイケ サジュウロウ	156-0055
大沢 友恵	オオサワ トモエ	949-7501

Sheet1 Sheet2 Sheet3

新しく追加されたシートに、「Sheet1」あるいは「Sheet2」のいずれかにのみ存在する行がコピーされ、一覧で確認できる

COLUMN

CountIfメソッド

Excelのワークシート関数COUNTIFを使用すれば、指定した範囲から条件に合うセルの数を計算することができます。マクロでも、ワークシート関数COUNTIFにあたるCountIfメソッドを使用して、COUNTIF同様、条件にあったセルを数えることができます。CountIfメソッドは、セルのカウントだけでなく、このサンプルのように片方だけにあるかどうかの判別や重複データの有無を判定するのにも使えるので、COUNTIFを使った関数の組み立てに困ったら、ぜひ使ってみてください。

4-02-01.xlsm

```
Sub CopyUniqueRow()

  Dim shtNew As Worksheet  '新規作成するシート
  Dim rngSheet1 As Range   '「Sheet1」の比較する範囲
  Dim rngSheet2 As Range   '「Sheet2」の比較する範囲
  Dim rngOneside As Range  '比較対象のセル
  Dim idx As Long  'ループのカウンター
                                     追加するシートと比較範囲を設定(❶)
  Set shtNew = Worksheets.Add(After:=Worksheets(Worksheets.Count))
  Set rngSheet1 = Worksheets(1).Range("B4").CurrentRegion.Columns(1)
  Set rngSheet2 = Worksheets(2).Range("B4").CurrentRegion.Columns(1)

  idx = 0
  For Each rngOneside In rngSheet1.Cells
    If WorksheetFunction.CountIf(rngSheet2, rngOneside.Value) = 0 Then
      idx = idx + 1
      rngOneside.EntireRow.Copy shtNew.Cells(idx, 1)
    End If
                                     「Sheet1」にのみ存在する行をコピー(❷)
  Next

  For Each rngOneside In rngSheet2.Cells
    If WorksheetFunction.CountIf(rngSheet1, rngOneside.Value) = 0 Then
      idx = idx + 1
      rngOneside.EntireRow.Copy shtNew.Cells(idx, 1)
    End If
  Next
                                     「Sheet2」にのみ存在する行をコピー(❸)
End Sub
```

❶ 追加するシートと比較範囲を設定する

現在の最後のシートのあとに新しいシートを追加し、「Sheet1」と「Sheet2」の比較する範囲をそれぞれCurrentRegion.Columnsを使い（次のCOLUMN参照）、空欄で囲まれる範囲で設定します。

❷ 「Sheet1」にのみ存在する行をコピーする

「Sheet1」の行にあるデータを1つ取って、「Sheet2」の選択範囲のすべての行と比較します。これを表の最後まで繰り返して、CountIfメソッドで「Sheet1」にのみ存在する行を新しいシートにコピーします。

❸ 「Sheet2」にのみ存在する行をコピーする

同様にして、今度は「Sheet2」の行にあるデータと「Sheet1」の選択範囲の行と比べます。CountIfメソッドを使って、「Sheet2」にのみ存在する行のデータを新しいシートにコピーします。

COLUMN

CurrentRegionプロパティ

範囲を指定する場合にRangeプロパティで直接指定することも可能ですが、データの追加や削除の更新のたびに処理を行いたい範囲が変更になってしまいます。そのような場合でも、CurrentRegionプロパティを使って空白行と空白列で囲まれたアクティブセルを指定することで、更新に追従して範囲を取得することができます。簡単で便利な範囲指定方法なので活用しましょう。

POINT

CurrentRegion.Columnsは、CurrentRegionプロパティによって指定された範囲の何列目を取り出すかを指定するプロパティです。CurrentRegion.Column(1)で左から1列目（もっとも左の列）全体を取り出します。つまり、ここで紹介したマクロにおけるrngSheet1は、「Sheet1」の「氏名」列全体を取る範囲です。

時短 20 分

2つのシートの両方に存在する行のみ抽出する

複数のメンバーで住所録などのリストを作成していたら、うっかり同じデータが紛れ込んでしまった……というケースを考えてみましょう。前節同様、「目で探す」が最悪の一手です。では、どうすればよいのでしょうか。

2つのシートで両方にある行をコピーする

データを入力する際に、重複と欠落は大きな問題になります。特に、重複は厄介で、データを元にした業務を行う際、さまざまなトラブルの原因になってしまいます。たとえば、利用希望者からの申請に基づいて物品を1個ずつ配布するための発送先リストを作成したとき、重複して申請した人を排除しないと、いくらでも受け取れることになってしまいます。

そういったトラブルを避けるのに、検索機能では間に合いません。関数をうまく組み合わせて、重複したデータを探し出す方法もあるのですが、あまり便利ではありません。そこで、マクロの出番です。

ここでは、**2つのシートのそれぞれの列のデータを比較して、両方に存在する行を抽出し、追加した新しいシートにコピーするをマクロを紹介します。**比較する2つのシートで、内容が一致しているかどうかをCountIfメソッドを使って判断し、同じ内容の行を抽出して、追加した新しいシートに書き出します。表の行数を特定するには、前節同様、CurrentRegionプロパティを使います。

■両方にある行を新しいシートにコピーする

	A	B	C	D
1		2つのシートの両方にある行を抽出		
2				
3		氏名	読み	郵便番号
4		小坂 広明	コサカ ヒロアキ	709-4334
5		平野 厚史	ヒラノ アツシ	133-0056

Sheet1 Sheet2

「Sheet1」と「Sheet2」の両方にある行と、片方にしかない行が存在する

	A	B	C	D
1		氏名	読み	郵便番号
2		小坂 広明	コサカ ヒロアキ	709-4334
3		古谷 健也	コタニ ケンヤ	901-0151
4		岡田 啓矩	オカダ ヒロノリ	087-0165
5		成田 拓夫	ナリタ タクオ	675-2202

Sheet1 Sheet2 Sheet3

新しく追加されたシートに、両方のシートに存在する行がコピーされた

4-03-01.xlsm

```
Sub CopyOverlapRow()

  Dim shtNew As Worksheet   '新規作成するシート
  Dim rngSheet1 As Range    '「Sheet1」の比較する範囲
  Dim rngSheet2 As Range    '「Sheet2」の比較する範囲
  Dim rngDouble As Range    '比較対象のセル
  Dim idx As Long  'ループのカウンター

  Set shtNew = Worksheets.Add(After:=Worksheets(Worksheets.Count))
  Set rngSheet1 = Worksheets(1).Range("B4").CurrentRegion.Columns(1)
  Set rngSheet2 = Worksheets(2).Range("B4").CurrentRegion.Columns(1)

  idx = 0
  For Each rngDouble In rngSheet1.Cells
    If WorksheetFunction.CountIf(rngSheet2, rngDouble.Value) > 0 Then
      idx = idx + 1
      rngDouble.EntireRow.Copy shtNew.Cells(idx, 1)
    End If
  Next

End Sub
```

追加するシートと比較範囲を設定（❶）

重複する行を追加シートにコピー（❷）

❶ 追加するシートと比較範囲を設定する

最後のシートのあとに新しいシートを追加し、「Sheet1」と「Sheet2」の比較する範囲（各々の表の1列目）をそれぞれCurrentRegion.Columns（P.118参照）を使って設定します。

❷ 両方のシートに存在する行をコピーする

「Sheet1」の行にあるデータを1つ取って、「Sheet2」の選択範囲のすべての行と比較します。これを表の最後まで繰り返して、CountIfメソッドで両方のシートに存在する行のデータを「Sheet1」から新しいシートにコピーします。

ATTENTION

このマクロでは表の1列目（サンプルでは「氏名」列）のみ比較していることに注意してください。つまり、同姓同名で1列目以外が異なるデータも、両方に存在するデータとして抽出されます。また、抽出時に反映されるのは、「Sheet1」のデータです。

時短 15 分

データの並べ替えを爆速で行う

データの並び替えは、通常Excelの機能を使って行いますが、条件を複数設定すると、かなり面倒で手間がかかります。しかし、マクロを使えば、ダブルクリックするだけで一瞬で実行できます。

ダブルクリックするだけで並び替えを行う

表のデータの並び替えは、通常は[データ]タブの[並べ替えとフィルター]グループにある[並べ替え]ボタンで表示される[並べ替え]ダイアログボックスを使うか、[フィルター]の並べ替え機能を使用します。ただ、何度も頻繁に行うとなると、この数ステップの操作が面倒です。一般的に、小さいボタンやチェックボックスを頻繁にクリックする操作は、時短のためにはなるべく避けるようにすべきです。マウスポインターをボタンなどに合わせるのに時間と集中力を必要とするだけでなく、ミスしやすくなってしまうからです。

そこで、ここでは**マクロを使って、並べ替えを行いたい列をダブルクリックするだけで昇順と降順を切り替えられる方法**を紹介します。やり方としては、ダブルクリックで起動するイベントプロシージャの「Worksheet_BeforeDoubleClick」を使います。並び替えを行いたい列のセルをダブルクリックすると、その列を昇順に並び替え、さらに同じセルをダブルクリックすると降順に並び替えるように、Sortメソッドを組み合わせて実現するマクロを実行します。なお、イベントプロシージャの名前は変更できません。

POINT

特定のセル範囲内を並び替えたいときにはSortメソッドを使用します。並び替えの条件として、ソートキー、ソート順(昇順/降順)、ソート単位(列/行)、見出しの有無、数値と文字の扱い方などを引数で指定することで、さまざまな方法で柔軟に並び替えを行うことが可能です。

■セルをダブルクリックして昇順／降順の並び替えを行う

	A	B	C	D	E	F	G	H	I
1									
2		番号	氏名	氏名カナ	性別	血液型	生年月日	郵便番号	住所
3									
4		1	多田 悠子	タダ ユウコ	女	A	19[illegible]0/6/25	760-0016	香川県高松市
5		2	田上 織枝	タウエ オリエ	女	A	198[illegible]/9/29	930-2206	富山県富山市
6		3	永田 政治	ナガタ マサハル	男	O	1[illegible]81/6/4	979-2332	福島県南相馬市
7		4	今野 恒之	コンノ ツネユキ	[illegible]	[illegible]	[illegible]	[illegible]	[illegible]都府京都市
8		5	池田 満生	イケダ ミツオ	[illegible]	[illegible]	[illegible]	[illegible]	[illegible]岡県浜松市
9		6	永野 義武	ナガノ ヨシタケ	男	A	1985/6/28	035-0075	青森県むつ市
10		7	熊谷 秀次郎	クマガイ ヒデジロウ	男	AB	1974/4/21	311-2204	茨城県鹿嶋市
11		8	米田 準一郎	ヨネタ ジュンイチロウ	男	A	1977/10/9	988-0202	宮城県気仙沼市
12		9	松原 由記彦	マツバラ ユキヒコ	男	A	1991/1/1	329-2151	栃木県矢板市
13		10	畠山 順子	ハタケヤマ ノブコ	女	A	1992/1/24	920-8203	石川県金沢市
14		11	下村 千治	シタムラ センジ	男	O	1971/8/24	014-0323	秋田県仙北市
15		12	宮内 哲昭	ミヤウチ テツアキ	男	A	1992/11/7	924-0002	石川県白山市

サンプルでは背景色を付けた部分のセルをダブルクリックすると、イベントプロシージャからマクロが実行される。ここでは生年月日のセルをダブルクリックしてみよう（❶）

	A	B	C	D	E	F	G	H	I
1									
2		番号	氏名	氏名カナ	性別	血液型	生年月日	郵便番号	住所
3							昇順△		
4		11	下村 千治	シタムラ センジ	男	O	1971/8/24	[illegible]14-0323	秋田県仙北市
5		5	池田 満生	イケダ ミツオ	男	O	1971/9/11	[illegible]31-2534	静岡県浜松市
6		7	熊谷 秀次郎	クマガイ ヒデジロウ	男	AB	1974/4/21	[illegible]11-2204	茨城県鹿嶋市
7		8	米田 準一郎	ヨネタ ジュンイチロウ	男	A	1977/10/9	[illegible]88-0202	宮城県気仙沼市
8		1	多田 悠子	タダ ユウコ	女	A	1980/6/25	[illegible]60-0016	香川県高松市
9		3	永田 政治	ナガタ マサハル	男	O	1981/6/4	[illegible]79-2332	福島県南相馬市
10		2	田上 織枝	タウエ オリエ	女	A	1981/9/29	[illegible]30-220[illegible]	[illegible]
11		6	永野 義武	ナガノ ヨシタケ	男	A	1985/6/28	[illegible]35-007[illegible]	[illegible]
12		4	今野 恒之	コンノ ツネユキ	男	A	1986/10/18	[illegible]05-093[illegible]	[illegible]
13		9	松原 由記彦	マツバラ ユキヒコ	男	A	1991/1/1	[illegible]29-2151	栃木県矢板市
14		10	畠山 順子	ハタケヤマ ノブコ	女	A	1992/1/24	[illegible]20-8203	石川県金沢市
15		12	宮内 哲昭	ミヤウチ テツアキ	男	A	1992/11/7	[illegible]24-0002	石川県白山市

［昇順△］と表示されて、生年月日の列がキーとなって昇順に並び替えられる。再び同じセルをダブルクリックすると、降順に並び替えられる

4-04-01.xlsm

```
Sub Worksheet_BeforeDoubleClick(ByVal Target As Range, Cancel As Boolean)

  If Target.Row = 3 And Target.Column <= 9 Then
    Select Case Target.Value
      Case "", "降順▽"
        Rows(3).ClearContents
        Cells(3, 2).Sort Key1:=Cells(3, Target.Column), Order1:=xlAscending, Header:=xlYes
        Target.Value = "昇順△"
      Case "昇順△"
        Rows(3).ClearContents
        Cells(3, 2).Sort Key1:=Cells(3, Target.Column), Order1:=xlDescending, Header:=xlYes
        Target.Value = "降順▽"
    End Select
    Cancel = True
  End If

End Sub
```

イベントプロシージャの指定（❶）

ダブルクリックに反応するセル範囲を設定（❷）

ダブルクリック時の処理（❸）

プロシージャの終了（❹）

❶ イベントプロシージャを指定する

ダブルクリック時に実行されるイベントプロシージャWorksheet_BeforeDoubleClickを設定します。引数は、ダブルクリックした場合のセル範囲「ByVal Target As Range」とプロシージャ終了後に編集状態にするために「Cancel As Boolean」とします。

❷ ダブルクリックを確認する

ダブルクリックされたセルが適正な範囲である場合、そのセルの値をCase節での判断条件として使います。ここでは、背景色が設定されたセルをダブルクリックしたかどうかを判別しています。

❸ ダブルクリック時の処理を記載する

ダブルクリックしたセルの値が空欄のときは、ソート条件を昇順「xlAscending」に設定し、列を並び替えて処理を終了します。すでに昇順になっていたら降順「xlDescending」に、降順になっている場合には昇順「xlAscending」に変えて再度並び替えを行います。また、別の列のセルをダブルクリックした場合は、その列を同様のソート条件で並び替えます。

❹ プロシージャの終了処理を記載する

ダブルクリックのイベントプロシージャによる並び替え処理の終了後は、ダブルクリックしたセルを通常の編集可能状態に戻します。

なお、このマクロはシートモジュールに記述します。標準モジュールでは動作しないので、注意してください。

⚠ ATTENTION

このマクロでは、ダブルクリックしたときに反応するセルを数値で直接指定しています。表のサイズやダブルクリックする場所を変更したいときは、「If Target.Row」以下の数値を変更してください。また、セルA3をダブルクリックすると、エラーが生じます。このエラーを防ぎたい場合は、If節の「Then」の前に「And Target.Column >=2」という条件を加えます。

4 / 05

時短20分

特定の文字列を含む行のみ取り出す

Excelで作成した簡易データベースでは、フィルターを利用することで目的のデータを簡単に抽出できます。ただし、抽出のための条件設定が面倒なので、マクロでサクッとやってしまう方法を紹介します。

フィルターで特定の文字列の行を抽出する

フィルターを使って表から必要な行だけを抽出する際、Excelの機能のみを利用していると、メニューをいちいち表示する手間がかかるだけでなく、小さなチェックボックスをクリックしなければなりません。しかも、条件を複数設定すると、その分だけクリックする回数が増えてしまいます。**マクロを利用すれば、フィルター抽出でよくあるクリック操作をまとめて実行できるので、かなりの時短につながるはずです**。

ここでは、Range.AutoFilterメソッドを使い、通し番号、名前、フルネーム、性別、生年月日、住所、金額からなるサンプルデータの「名前」の列から「田中」の行をフィルターで抽出するマクロを紹介します。フィルター適用後の表のフィルター条件をクリアするには、表から行うことも可能ですが、引数なしでRange.AutoFilterを実行するマクロを作っておくと、一気に戻すことができて便利です。

■「名前」の列から「田中」の行を抽出する

	A	B	C	D	E	F	G	H	I
1									
2		番号	名前	フルネーム	性別	生年月日	住所	金額	
3		1	遠藤	エンドウ ユウコ	女	1980/6/25	香川県高松市	1,000	
4		2	田中	タナカ オリエ	女	1981/9/29	富山県富山市	500	
5		3	永田	ナガタ マサハル	男	1981/6/4	福島県南相馬市	1,800	
6		4	今野	コンノ ツネユキ	男	1986/10/18	京都府京都市	5,000	
7		5	池田	イケダ ミツオ	男	1971/9/11	静岡県浜松市	980	
8		6	永野	ナガノ ヨシタケ	男	1985/6/28	青森県むつ市	2,500	
9		7	山本	ヤマモト ヒデジ	男	1974/4/21	茨城県鹿嶋市	9,800	
10		8	米田	ヨネダ ジュンイチ	男	1977/10/9	宮城県気仙沼市	500	
11		9	佐藤	サトウ ユキヒコ	男	1991/1/1	栃木県矢板市	3,000	
12		10	畠山	ハタケヤマ ノブコ	女	1992/1/24	石川県金沢市	2,000	
13		11	田中	タナカ センジ	男	1971/8/24	秋田県仙北市	3,300	
14		12	宮内	ミヤウチ テツアキ	男	1992/11/7	石川県白山市	800	
15		13	杉本	スギモト ナオキ	男	1979/1/20	岐阜県岐阜市	10,000	
16		14	長島	ナガシマ ツネカズ	男	1981/9/25	長野県中野市	3,000	

サンプルとして、名前やフルネームなどの項目からなる30件のデータを使用する。「名前」列から「田中」に一致した行を抽出するために、マクロを実行する

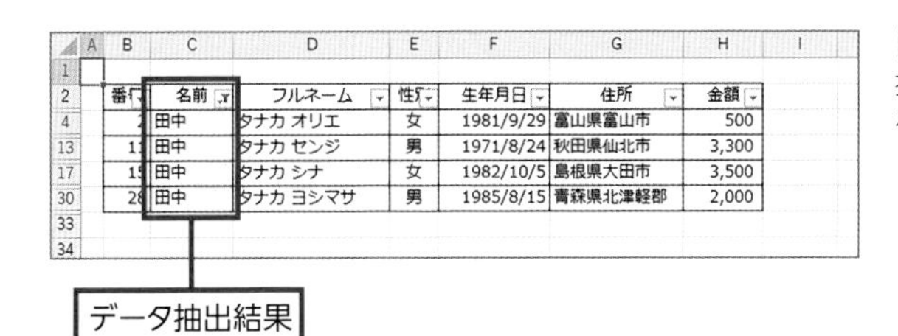

	A	B	C	D	E	F	G	H	I
1									
2		番号	名前	フルネーム	性別	生年月日	住所	金額	
4		2	田中	タナカ オリエ	女	1981/9/29	富山県富山市	500	
13		11	田中	タナカ センジ	男	1971/8/24	秋田県仙北市	3,300	
17		15	田中	タナカ シナ	女	1982/10/5	島根県大田市	3,500	
30		28	田中	タナカ ヨシマサ	男	1985/8/15	青森県北津軽郡	2,000	
33									
34									

「名前」列の「田中」の行が抽出されたことを確認できる

4-05-01.xlsm

```
Sub PickupTanaka1()

  Range("A1").AutoFilter Field:=2, Criteria1:="田中" ― 抽出条件の設定(❶)

End Sub
```

❶ 抽出条件を設定する

Range.AutoFilterメソッドでフィルターの範囲を「名前」の列、引数Criteria1で抽出条件を「田中」に設定して抽出を実行します。「田中」の部分を変更すれば、一致条件を変更できます。

4-05-02.xlsm

```
Sub DeleteFilter()

  Range("A1").AutoFilter ― 全フィルター解除(❶)

End Sub
```

❶ 全フィルターを解除する

上に挙げたマクロで、設定したフィルターをすべて解除できます。

POINT

一部のフィルターだけを解除したいときは、解除したいフィルターが表の左から何列目にあるのかを数えて「Field:=4」(4列目のフィルターを解除したい場合)などと「AutoFilter」のあとに付け加えます。

応用 抽出条件にワイルドカードを使う

フィルターの抽出条件にワイルドカードを利用すると、さらに柔軟で複雑な条件でデータを取り出すことが可能になります。ここではサンプルの表の「フルネーム」列から「タナカ」で始まる行をマクロのRange.AutoFilterメソッドを使って抽出します。

「フルネーム」列から「タナカ」で始まる行を抽出する

	番	名前	フルネーム	性	生年月日	住所	金額
4	2	田中	タナカ オリエ	女	1981/9/29	富山県富山市	500
13	11	田中	タナカ センジ	男	1971/8/24	秋田県仙北市	3,300
17	15	田中	タナカ シナ	女	1982/10/5	島根県大田市	3,500
30	28	田中	タナカ ヨシマサ	男	1985/8/15	青森県北津軽郡	2,000

「PickupTanaka2」マクロを実行した結果、「フルネーム」列から「タナカ」で始まる行が抽出された

4-05-03.xlsm

```
Sub PickupTanaka2()

  Range("A1").AutoFilter Field:=3, Criteria1:="タナカ*"   ―― 抽出条件の設定(❶)

End Sub
```

❶ 抽出条件を設定する

Range.AutoFilterメソッドでフィルターの範囲を「名前」の列に設定します。引数Criteria1での抽出条件にはワイルドカードを使い、「タナカ*」と記述することで「タナカ」で始まる行を抽出します。

● ワイルドカード例

例	意味
Range("A1").AutoFilter field:=3, Criteria1:="=タナカ*"	「タナカ」で始まる
Range("A1").AutoFilter field:=3, Criteria1:="=*タナカ"	「タナカ」で終わる
Range("A1").AutoFilter field:=3, Criteria1:="<>*タナカ*"	「タナカ」を含まない
Range("A1").AutoFilter field:=3, Criteria1:="=タナカ???"	「タナカ」で始まる5文字

引数Criteria1のあとに続く文字列で、「=」は「等しい」、「<>」は「等しくない」を意味する。なお、「?」は任意の1文字を表し、空白も文字としてカウントする。詳しくはP.131参照

3つの文字列のうち、どれかを含む行のみ取り出す

ここでは、A、B、Cのいずれかの条件に当てはまる行を抽出する方法を取り上げてみます。通常はExcelの機能でフィルターを設定すればできますが、やはり面倒です。マクロで片付けてしまいましょう。

OR条件でデータを抽出する

フィルターを使ってOR条件を設定し、いずれかの条件に当てはまる行を抽出しようとしたら、かなりのクリック回数が必要です。時間や手間がかかるだけでなく、誤って隣のチェックボックスをクリックしないように神経を使ってしまいます。**マクロを使えば、表から1つずつ条件を設定する手間と時間を省き、一度でまとめてデータを取り出せます**。決まったフィルターを繰り返し適用する場合に、特に有効です。ぜひフィルターを全解除するマクロ（P.125参照）とセットで使ってみてください。

なお、配列を使っていますが、条件が「2つの文字列のうちのいずれかを含む」であれば、配列を使わなくてもマクロを記述できます。

「田中」「佐藤」「山本」いずれかの行を抽出する

	A	B	C	D	E	F	G	H	I
1									
2		番号	名前	フルネーム	性別	生年月日	住所	金額	
3		1	遠藤	エンドウ ユウコ	女	1980/6/25	香川県高松市	1,000	
4		2	田中	タナカ オリエ	女	1981/9/29	富山県富山市	500	
5		3	永田	ナガタ マサハル	男	1981/6/4	福島県南相馬市	1,800	
6		4	今野	コンノ ツネユキ	男	1986/10/18	京都府京都市	5,000	
7		5	池田	イケダ ミツオ	男	1971/9/11	静岡県浜松市	980	
8		6	永野	ナガノ ヨシタケ	男	1985/6/28	青森県むつ市	2,500	
9		7	山本	ヤマモト ヒデジ	男	1974/4/21	茨城県鹿嶋市	9,800	
10		8	米田	ヨネダ ジュンイチ	男	1977/10/9	宮城県気仙沼市	500	

サンプルのデータを使用して「名前」の列から「田中」「佐藤」「山本」の行を抽出する「PickupNames」マクロを実行する

	A	B	C	D	E	F	G	H	I
1									
2		番	名前	フルネーム	性	生年月日	住所	金額	
4		[illegible]	田中	タナカ オリエ	女	1981/9/29	富山県富山市	500	
9		[illegible]	山本	ヤマモト ヒデジ	男	1974/4/21	茨城県鹿嶋市	9,800	
11		[illegible]	佐藤	サトウ [illegible]	[illegible]	[illegible]	木県矢板市	3,000	
13		1[illegible]	田中	[illegible]	[illegible]	[illegible]	田県仙北市	3,300	
17		1[illegible]	田中	タナカ [illegible]	[illegible]	[illegible]	根県大田市	3,500	
21		1[illegible]	佐藤	サトウ ユウコ	女	1978/5/9	茨城県つくば市	1,500	
30		2[illegible]	田中	タナカ ヨシマサ	男	1985/8/15	青森県北津軽郡	2,000	
32		3[illegible]	山本	ヤマモト ショウジ	男	1979/10/27	山口県山口市	1,000	

データの抽出結果

「名前」列から「田中」「佐藤」「山本」いずれかの行が抽出された

4-06-01.xlsm

```
Sub PickupNames()

    Range("A1").AutoFilter Field:=2, Criteria1:=Array("田中", "佐藤",
    "山本"), Operator:=xlFilterValues
                                                          1行
                                                抽出条件の設定(❶)
End Sub
```

❶ 抽出条件を設定する

Range.AutoFilterメソッドでフィルターの範囲を「名前」の列、引数Criteria1で抽出条件を配列で「田中」「佐藤」「山本」の複数に設定します。なお、条件が2つであれば、配列を使わない方法もあります。

4-06-02.xlsm

```
Sub PickupNames()

    Range("A1").AutoFilter Field:=2, Criteria1:="田中", _  1行
    Operator:=xlOr, Criteria2:="佐藤"
                                                抽出条件の設定(❶)
End Sub
```

❶ 抽出条件を設定する

2つの条件のうち、いずれかに当てはまるデータを抽出したいなら、上のように引数を1つ加えて、「Operator:=xlOr」でOR条件を設定します。

AutoFilterメソッド

マクロでフィルター機能を使うと、必要なデータを抽出してコピーしたり一括で削除するときに高速で効率よく処理できます。フィルターを操作するRange.AutoFilterメソッドでは、対象のフィールド指定のField、抽出条件のCriteria1とCriteria2、フィルターの種類をXlAutoFilterOperatorクラスの定数で指定するOperator、フィルターのドロップダウン矢印の表示／非表示の指定などの引数を使い、複雑な条件でも柔軟にフィルターの適用が可能です。

4 / 07

あ行の名前の人だけ抽出する

さらに複雑なフィルターを実行してみましょう。マクロからフィルターを使うと、特定の文字列を指定してデータを抽出する以外に、範囲を指定して抽出することも可能になります。

フィルターで「あ行」で始まるデータを抽出

ここでは、名前の読みがあ行で始まるデータを名簿から抽出します。その準備として、「フルネーム」列を用意し、そこに名前の読みをカタカナで記述しています。

設定する条件としては意外と複雑ですが、動的配列と各種演算や関数を利用することで、少ない行数のコードでフィルターを実行が可能です。コードの比較部分を入れ替えれば、さまざまな条件の文字列で抽出するように応用できます。

このマクロではAutoFilterを利用しますが、ReDimステートメントでの動的配列、Like演算子、UBound関数などを組み合わせて使うことで、さまざまな条件で柔軟なフィルターを実行することができます。

「アイウエオ」で始まるデータを抽出する

番号	名前	フルネーム	性別	生年月日	住所	金額
1	遠藤	エンドウ ユウコ	女	1980/6/25	香川県高松市	1,000
2	田中	タナカ オリエ	女	1981/9/29	富山県富山市	500
3	永田	ナガタ マサハル	男	1981/6/4	福島県南相馬市	1,800
4	今野	コンノ ツネユキ	男	1986/10/18	京都府京都市	5,000
5	池田	イケダ ミツオ	男	1971/9/11	静岡県浜松市	980
6	永野	ナガノ ヨシタケ	男	1985/6/28	青森県むつ市	2,500
7	山本	ヤマモト ヒデジ	男	1974/4/21	茨城県鹿嶋市	9,800
8	米田	ヨネダ ジュンイチ	男	1977/10/9	宮城県気仙沼市	500
9	佐藤	サトウ ユキヒコ	男	1991/1/1	栃木県矢板市	3,000
10	畠山	ハタケヤマ ノブコ	女	1992/1/24	石川県金沢市	2,000
11	田中	タナカ センジ	男	1971/8/24	秋田県仙北市	3,300
12	宮内	ミヤウチ テツアキ	男	1992/11/7	石川県白山市	800
13	杉本	スギモト ナオキ	男	1979/1/20	岐阜県岐阜市	10,000
14	長島	ナガシマ ツネカズ	男	1981/9/25	長野県中野市	3,000

漢字の名前とカタカナのフルネームなどからなるデータを使用して「フルネーム」列から「アイウエオ」で始まるデータを抽出する

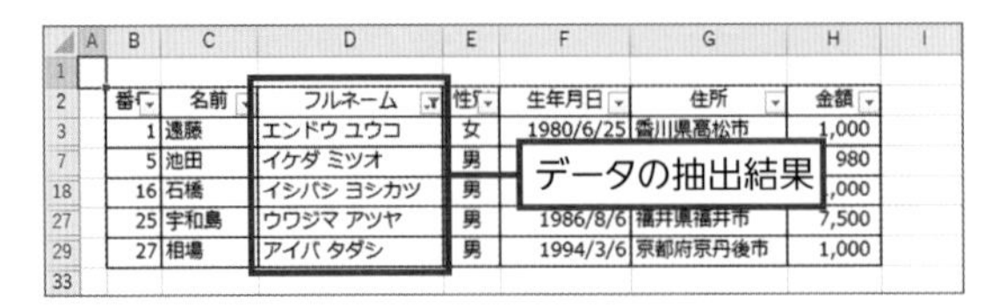

「フルネーム」列がアイウエオで始まる「名前」列の遠藤、池田、石橋、宇和島、相場の行が抽出された

4-07-01.xlsm

```
Sub PickupAIUEO()

  Dim rngTable1 As Range  'フィルターを適用する表
  Dim rngTable2 As Range  '抽出したデータのリスト
  Dim strAIUEO() As Variant  'データ抽出のための配列

  Set rngTable1 = Range("B2").CurrentRegion

  ReDim Preserve strAIUEO(0)
  For Each rngTable2 In rngTable1.Columns(3).Cells
    If rngTable2.Value Like "[アイウエオ]*" Then
      ReDim Preserve strAIUEO(UBound(strAIUEO) + 1)
      strAIUEO(UBound(strAIUEO)) = rngTable2.Value
    End If
  Next
  rngTable1.AutoFilter Field:=3, Operator:=xlFilterValues, 
    Criteria1:=strAIUEO

End Sub
```

抽出条件の設定（❶）

アイウエオで始まるデータの抽出（❷）

❶ 抽出対象の表を指定する

フィルターで抽出する表の範囲をCurrentRegionプロパティで指定します。これにより、rngTable1には表全体が入っています。

❷ アイウエオで始まるデータを抽出する

ReDimステートメント「Redim Preserve」（ここでは「Preserve」は省略可能）で動的配列としたstrAIUEO()を作成し、Like演算子で表の「フルネーム」列のデータと「[アイウエオ]*」を比較します。そして、条件を満たす「アイウエオ」で始まるデータを抜き出して、そのリストをフィルター条件としてAutoFilterメソッドの引数に指定し、データを抽出して表に適用します。

フィルターの文字列絞り込み

AutoFilterメソッドでのフィルターの文字列の抽出条件は、単純な比較で一致を判断する以外にも、ワイルドカード(P.126参照)や配列、Like演算子をはじめ、さまざまな演算子を使用したり組み合わせたりすることで、複雑な設定を実行できます。

● Like演算子で使える記号例

記号	動作	使用例	Trueを返す例		
?	任意の1文字	田中?	田中様	田中氏	
*	0個以上の任意の文字	佐藤*	佐藤 太郎		
#	1文字の数値	##	11	39	
[ ]	[ ]内に指定した文字の中の1文字	[アイウエオ]	ア	イ	ウ
[!]	[ ]内に指定した文字の中に含まれない1文字	[!あいうえお]	か	き	か

Like演算子では、文字列を文字列パターンと比べて結果を「True」か「False」を戻り値とする。「[アイウエオ]*」と比較すれば、あ行で始まる文字列パターンの場合に「True」を返す

POINT

ここでは、「アイウエオ」いずれかの文字から始まる条件を「[アイウエオ]*」と記述しましたが、半角ハイフンを使って「[ア-オ]」と書くこともできます。また、英字は大文字と小文字を区別しないので、「[A-Z]* 」と記述すれば、英字から始まる文字列にヒットします。なお、記号の「*」や「!」そのものを使いたいときは、エスケープ文字[ ]を使って、「[*]」または「[!]」と表記します。

COLUMN

なぜ押しづらい記号が頻繁に使われるのか

VBAのコード入力では、ダブルコーテーションを頻繁に使います。そこで、キーボードの Shift + 2 という押しづらい配列になっていることに不満を感じるかもしれません。プログラミング言語の多くは、米国などUS配列がベースとなったキーボードを利用している国で作られました。そのため、JIS配列のキーボードでは一部の記号が押しづらいのです。

この問題を解決したいなら、US配列のキーボードの導入を検討してみてもいいでしょう。ダブルコーテーションなどプログラミングでよく利用する記号がJIS配列より押しやすく、プログラマーの中にはUS配列を愛用する人が少なくありません。

先月のデータのみ抽出して表示する

日付の入ったデータから、一定期間のデータだけ抜き出して表示したいとき、いちいち目で見て判断するのではなく、もっと素早く抽出する方法はないのでしょうか。

期間を相対的に指定してデータを抽出する

売上のデータから「先月のデータだけ抜き出して計算したい」「昨年のデータと今年のデータを比較したい」というケースはよくあるでしょう。Excelの機能を使うなら、フィルターやピボットテーブルを利用するところですが、いつも似たような基準で抽出しているなら、マクロを使ったほうが高速に作業が進めることができます。

ここでは、Range.AutoFilterメソッドを使って、サンプルの「登録日」列が先月であるデータを抽出します。そのほか、**マクロを使って抽出したいデータの期間を相対的に指定する方法では、今月・先月・来月といった月単位のほか、日単位、週単位、年単位、四半期単位などで集計することができます**。

■先月のデータのみ抽出して表示する

	A	B	C	D	E	F	G	H	I
1									
2		番号	名前	フルネーム	性別	登録日	住所	金額	
3		1	遠藤	エンドウ ユウコ	女	2020/6/25	香川県高松市	1,000	
4		2	田中	タナカ オリエ	女	2020/5/29	富山県富山市	500	
5		3	永田	ナガタ マサハル	男	2020/6/4	福島県南相馬市	1,800	
6		4	今野	コンノ ツネユキ	男	2020/5/18	京都府京都市	5,000	
7		5	池田	イケダ ミツオ	男	2020/2/11	静岡県浜松市	980	
8		6	永野	ナガノ ヨシタケ	男	2020/6/12	青森県むつ市	2,500	
9		7	山本	ヤマモト ヒデジ	男	2020/4/21	茨城県鹿嶋市	9,800	
10		8	米田	ヨネダ ジュンイチ	男	2020/3/9	宮城県気仙沼市	500	
11		9	佐藤	サトウ ユキヒコ	男	2020/1/6	栃木県矢板市	3,000	
12		10	畠山	ハタケヤマ ノブコ	女	2020/1/24	石川県金沢市	2,000	
13		11	田中	タナカ センジ	男	2020/3/24	秋田県仙北市	3,300	
14		12	宮内	ミヤウチ テツアキ	男	2020/6/7	石川県白山市	800	
15		13	杉本	スギモト ナオキ	男	2020/1/20	岐阜県岐阜市	10,000	
16		14	長島	ナガシマ ツネカズ	男	2020/4/25	長野県中野市	3,000	

サンプルとして日付の「登録日」列をリストに含む表を使用して、登録日が先月である行を抽出する

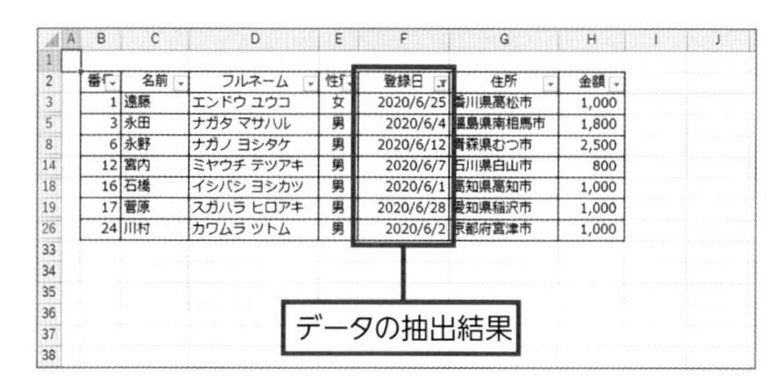

	番	名前	フルネーム	性	登録日	住所	金額
3	1	遠藤	エンドウ ユウコ	女	2020/6/25	香川県高松市	1,000
5	3	永田	ナガタ マサハル	男	2020/6/4	福島県南相馬市	1,800
8	6	永野	ナガノ ヨシタケ	男	2020/6/12	青森県むつ市	2,500
14	12	宮内	ミヤウチ テツアキ	男	2020/6/7	石川県白山市	800
18	16	石橋	イシバシ ヨシカツ	男	2020/6/1	高知県高知市	1,000
19	17	菅原	スガハラ ヒロアキ	男	2020/6/28	愛知県稲沢市	1,000
26	24	川村	カワムラ ツトム	男	2020/6/2	京都府宮津市	1,000

登録日が先月に該当する行が抽出されたことが確認できる。動作確認は2020年7月に行っているため、抽出されたのは2020年6月のデータとなっている

4-08-01.xlsm

```
Sub PickupLastMonth()

    '「登録日」から先月のデータを抽出
    Range("B2").AutoFilter Field:=5, Operator:=xlFilterDynamic, 
    Criteria1:=xlFilterLastMonth

End Sub
```

1行

抽出条件の設定(❶)

❶ 抽出条件を設定する

Range.AutoFilterメソッドで、フィルターの範囲は「登録日」の列に、Operatorの引数は「xlFilterDynamic」に、Criteria1は「xlFilterLastMonth」と設定して先月を日付範囲に指定します。Criteria1の引数に先月ではなく、6月を直接指定する「xlFilterAllDatesInPeriodJune」を使ったり、期間を6月1日から6月30日に指定したりする方法でも同じ結果を得ることができます。

POINT

フィルターを解除するには、P.125で紹介したマクロを使って一度に全部のフィルターを解除すると大変便利です。

ATTENTION

Criteria1に使える引数は「https://docs.microsoft.com/ja-jp/office/vba/api/excel.xldynamicfiltercriteria」を参照してください。

特定の期間のデータのみ抽出するには

前節では「先月」「昨年」といった単位でデータを絞り込む方法を解説しました。では、1990年1月1日から1990年12月31日までのデータを絞り込むには、どうすればいいのでしょうか。

期間を具体的に指定してデータを抽出する

ある特定の期間の日付のデータを含む行を抽出するには、その期間の最初の日と最後の日を年月日の形で範囲指定し、その期間の中に入っているかを判定して取り出します。

ここでは、サンプルの表の「生年月日」列から1990年生まれの人を抽出するために、マクロのRange.AutoFilterメソッドでの引数Criteria1に期間開始日として1990年1月1日、Criteria2には期間終了日の1999年12月31日を設定し、「開始日以降」かつ「終了日以前」というAND条件のフィルターを実行して、その期間が生年月日に該当する行のデータを抽出します。

1990年代が誕生日の人を抽出する

	A	B	C	D	E	F	G	H	I
1									
2		番号	名前	フルネーム	性別	生年月日	住所	金額	
3		1	遠藤	エンドウ ユウコ	女	1980/6/25	香川県高松市	1,000	
4		2	田中	タナカ オリエ	女	1981/9/29	富山県富山市	500	
5		3	永田	ナガタ マサハル	男	1981/6/4	福島県南相馬市	1,800	
6		4	今野	コンノ ツネユキ	男	1986/10/18	京都府京都市	5,000	
7		5	池田	イケダ ミツオ	男	1971/9/11	静岡県浜松市	980	
8		6	永野	ナガノ ヨシタケ	男	1985/6/28	青森県むつ市	2,500	
9		7	山本	ヤマモト ヒデジ	男	1974/4/21	茨城県鹿嶋市	9,800	
10		8	米田	ヨネダ ジュンイチ	男	1977/10/9	宮城県気仙沼市	500	
11		9	佐藤	サトウ ユキヒコ	男	1991/1/1	栃木県矢板市	3,000	
12		10	畠山	ハタケヤマ ノブコ	女	1992/1/24	石川県金沢市	2,000	
13		11	田中	タナカ センジ	男	1971/8/24	秋田県仙北市	3,300	
14		12	宮内	ミヤウチ テツアキ	男	1992/11/7	石川県白山市	800	
15		13	杉本	スギモト ナオキ	男	1979/1/20	岐阜県岐阜市	10,000	
16		14	長島	ナガシマ ツネカズ	男	1981/9/25	長野県中野市	3,000	

サンプルとして日付データの「生年月日」列をリストに含む表を使用して、1990年代(1990年1月1日　～1999年12月31日)が誕生日である人のデータを行ごと抽出するために、「PickupBirthday」のマクロを実行する

番号	名前	フルネーム	性別	生年月日	住所	金額
9	佐藤	サトウ ユキヒコ	男	1991/1/1	栃木県矢板市	3,000
10	畠山	ハタケヤマ ノブコ	女	1992/1/24	石川県金沢市	2,000
12	宮内	ミヤウチ テツアキ	男	1992/11/7	石川県白山市	800
16	石橋	イシバシ ヨシカツ	男	1994/11/1	高知県高知市	1,000
17	菅原	スガハラ ヒロアキ	男	1991/6/28	愛知県稲沢市	1,000
22	宮城	ミヤギ キワ	女	1993/4/13	青森県上北郡	4,500
27	相場	アイバ タダシ	男	1994/3/6	京都府京丹後市	1,000

データの抽出結果

生年月日が1990年から1999年である人のデータが抽出されたことが確認できる

4-09-01.xlsm

```
Sub PickupBirthday()

    Range("B2").AutoFilter Field:=5, Operator:=xlAnd, _
      Criteria1:=">=1990/01/01", Criteria2:="<=1999/12/31"

End Sub
```

抽出条件の設定(❶)

❶ 抽出条件を設定する

Range.AutoFilterメソッドでフィルターの範囲を「生年月日」の列、Operatorの引数を「xlAnd」、Criteria1に期間開始日の1990年1月1日「">=1990/01/01"」、Criteria2に期間最終日の「1999年12月31日"<=1999/12/31"」として設定します。これによって、生年月日が1990年1月1日以降であり、かつ1999年12月31日以前である(いずれも当日を含む)人のデータが抽出できます。

Operatorの引数となっている「xlAnd」は、AND条件を示すもので、Criteria1とCriteria2の両方を満たすデータを抽出するのに使います。

POINT

フィルターを解除するには、P.125で紹介したマクロを使って一度に全部のフィルターを解除すると大変便利です。

4 シートやブックをVBAで手軽に操作する

4 / 10

時短 10 分

今日のデータの抽出がうまくいかない!

フィルターで日付からデータを抽出する場合に、設定が正しくないと思ったとおりの結果が得られないこともあります。そんなときは、指定方法と引数の値を理解すれば、簡単に修正できます。

フィルターの日付の抽出条件を適切に設定する

Excelでの日付の処理は鬼門です。「2020年9月6日」「2020/09/06」などと表示されていても、セルの値は「44080」というシリアル値です。これを忘れて処理すると、さまざまなトラブルの原因になってしまいます。

マクロで日付を扱うときは、さらに面倒になります。問題は、1月から9月までの1桁の月と、1日から9日までの1桁の日です。元のデータの表記が「2020/9/6」なのか「2020/09/06」なのかによって、日付指定の方法を変えねばなりません。**AutoFilterメソッドで日付で指定するなら、引数や演算子を適切に使う必要があります**。特に引数のOperatorとCriteriaに関しては、誤りがあったときになかなか気付きにくいので注意してください。

ここでは「今日」のデータ抽出について、3つのパターンを紹介します。AutoFilterの引数であるOperatorとCriteria (Criteria1とCriteria2) の何通りかの組み合わせで、フィルターを設定する方法を確認します。

■今日の日付のデータを抽出

	A	B	C	D	E	F	G	H	I
1									
2		番号	名前	フルネーム	性別	確認日	住所	金額	
3		1	遠藤	エンドウ ユウコ	女	2020/6/21	香川県高松市	1,000	
4		2	田中	タナカ オリエ	女	2020/7/11	富山県富山市	500	
5		3	永田	ナガタ マサハル	男	2020/6/28	福島県南相馬市	1,800	
6		4	今野	コンノ ツネユキ	男	2020/6/18	京都府京都市	5,000	
7		5	池田	イケダ ミツオ	男	2020/7/7	静岡県浜松市	980	
8		6	永野	ナガノ ヨシタケ	男	2020/7/14	青森県むつ市	2,500	
9		7	山本	ヤマモト ヒデジ	男	2020/7/16	茨城県鹿嶋市	9,800	
10		8	米田	ヨネダ ジュンイチ	男	2020/7/10	宮城県気仙沼市	500	
11		9	佐藤	サトウ ユキヒコ	男	2020/7/11	栃木県矢板市	3,000	
12		10	畠山	ハタケヤマ ノブコ	女	2020/6/11	石川県金沢市	2,000	
13		11	田中	タナカ センジ	男	2020/6/11	秋田県仙北市	3,300	

日付データとして「確認日」列を含むサンプルデータから、今日の日付(ここでは2020年7月7日)を含むデータを抽出するマクロを実行

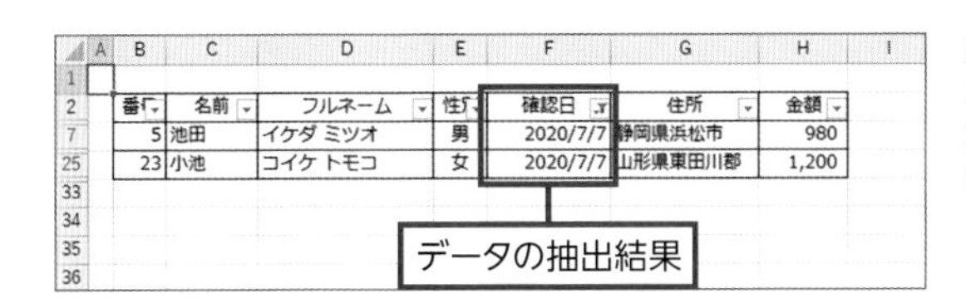

ここで紹介するマクロは、2020年7月7日に実行すれば、3つとも結果は同じものになる

4-10-01.xlsm

```
Sub PickupToday1()

  Range("B2").AutoFilter Field:=5, _
    Operator:=xlFilterDynamic, _
    Criteria1:=xlFilterToday

End Sub
```

フィルター抽出条件の設定(❶)

❶ フィルター抽出条件を設定する

まずは日付を指定せず、「確認日」列が「今日」であるという条件で抽出します。AutoFilterの引数Operatorを「xlFilterDynamic」、Criteria1を「xlFilterToday」に設定すると、「今日」のデータが抽出できます。なお、実行する日によって結果が異なることがあります。

4-10-02.xlsm

```
Sub PickupToday2()

  Range("B2").AutoFilter Field:=5, _
    Operator:=xlOr, _
    Criteria1:="=2020/07/07", Criteria2:="=2020/7/7"

End Sub
```

フィルター抽出条件の設定(❶)

❶ フィルター抽出条件の設定

フィルター抽出条件の設定で、AutoFilterの引数Operatorを「xlOr」、Criteria1を「"=2020/07/07"」、Criteria2を「"=2020/7/7"」に設定します。この表では、1桁の日や月に「0」を含まないのでOperatorなしで「Criteria1:="=2020/7/7"」でも抽出できますが、書式が「0」を含む場合でも抽出できるように設定しています。もし上に挙げた書式以外の書式で日付が記載されていれば、それも列挙する必要があります。

📄 **4-10-03.xlsm**

```
Sub PickupToday3()

  Range("B2").AutoFilter Field:=5, _
    Operator:=xlAnd, _
    Criteria1:=">=2020/07/07", Criteria2:="<=2020/07/07"

End Sub
```

フィルター抽出条件の設定(❶)

❶ フィルター抽出条件を設定する

AutoFilterの引数Operatorを「xlAnd」、Criteria1を「">=2020/07/07"」、Criteria2を「"<=2020/07/07"」で、2020年7月7日以前で2020年7月7日以降に条件を設定します。

ここで注意したいのが日付指定の方法です。4-10-02.xlsmのように、AutoFilterの引数Operatorに「xlOr」を指定し、Criteria1とCriteria2で書式を指定した場合、抽出したい書式をすべて記述する必要があります。つまり、日付を文字列として考える必要があるのです。一方、4-10-01.xlsmや4-10-03.xlsmでは元データの日付の書式は問いません(もちろん、セルの書式が[日付]である必要はあります)。さらに、4-10-03.xlsmではCriteria1やCriteria2の日付の書式も自由で、「7-Jul-20」などとしても正しく動作します。4-10-03.xlsmは一見して無駄なことをしているように思えますが、十分意味があるのです。

引数Operatorにはどんなものがあるか

AutoFilterメソッドで一致条件を指定して抽出するのに使う引数Operatorには、2つのCriteriaの両方に合致する「xlAnd」やどちらかに合致する「xlOr」、トップ10に属するもの、特定のセルの背景色や文字の色など、各種の組み込み定数が利用できます。利用できる定数は「https://docs.microsoft.com/ja-jp/dotnet/api/microsoft.office.interop.excel.xlautofilteroperator」を参照してください。

フィルターで抽出したデータをコピーする

前節までに、フィルターでデータを抽出する方法を説明しましたが、抽出だけで終わる作業よりも、その結果を利用することが多いのではないでしょうか。抽出結果をコピーするにはどうすればよいのでしょうか。

抽出したデータを同じブックや別のブックにコピーする

フィルターで抽出したデータを別のシートやブックにコピーしたいケースは少なくないでしょう。ここでは、**元のデータからデータを抽出して結果を別のブックにコピーする方法を見ていきましょう**。

マクロを使って、まず名前を含むリストからAutoFilterメソッドで「佐藤」を含む行のデータを抽出します。次に、同じブックに新しいシートを作成し、抽出した内容をコピーします。そして、別のブック(ここでは「NewBook.xlsx」というファイル名)に新しいシートを作成し、抽出したデータをコピーします。データのコピー先は、既存のシートの後ろや前、開いているシートなどいろいろな場所を指定をすることが可能です。

なお、「NewBook.xlsx」はあらかじめ用意し、マクロを実行するブックと同じフォルダー内に置いてください。

「佐藤」のデータを同じブックと別のブックにコピーする

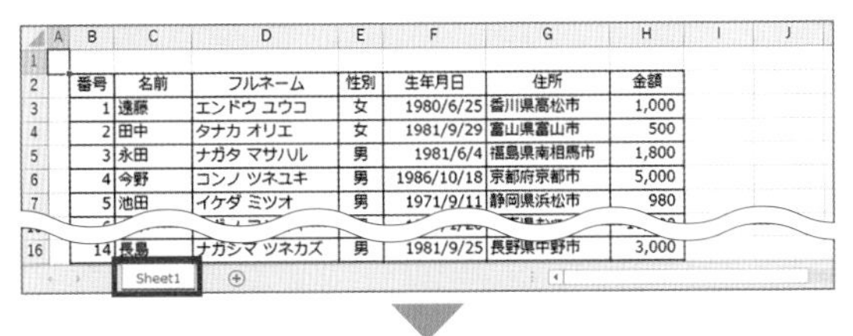

番号	名前	フルネーム	性別	生年月日	住所	金額
1	遠藤	エンドウ ユウコ	女	1980/6/25	香川県高松市	1,000
2	田中	タナカ オリエ	女	1981/9/29	富山県富山市	500
3	永田	ナガタ マサハル	男	1981/6/4	福島県南相馬市	1,800
4	今野	コンノ ツネユキ	男	1986/10/18	京都府京都市	5,000
5	池田	イケダ ミツオ	男	1971/9/11	静岡県浜松市	980
14	長島	ナガシマ ツネカズ	男	1981/9/25	長野県中野市	3,000

「名前」列に「佐藤」を含むサンプルのリスト。マクロはこのファイルに含まれている。名前から「佐藤」の行を抽出してコピーしてみよう

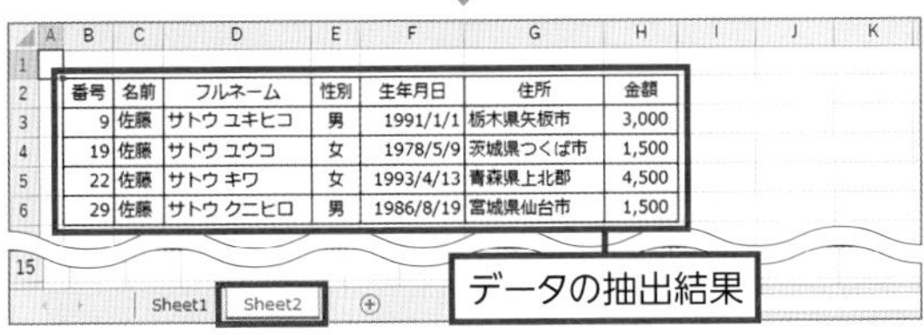

番号	名前	フルネーム	性別	生年月日	住所	金額
9	佐藤	サトウ ユキヒコ	男	1991/1/1	栃木県矢板市	3,000
19	佐藤	サトウ ユウコ	女	1978/5/9	茨城県つくば市	1,500
22	佐藤	サトウ キワ	女	1993/4/13	青森県上北郡	4,500
29	佐藤	サトウ クニヒロ	男	1986/8/19	宮城県仙台市	1,500

抽出した結果が、このブックの最後に新しく追加されたシートにコピーされた。また、同じシートが「NewBook.xlsx」という名前のブックにもコピーされる

4-11-01.xlsm

```
Sub CopyToBook()

    Dim shtNew1 As Worksheet   '同じブックのコピー先のシート
    Dim shtNew2 As Worksheet   '別のブックのコピー先のシート
    Dim bkNew As Workbook      '別のブック

    '同じブックに新しいシートを作成してコピー先にする
    Set shtNew1 = Worksheets.Add(After:=Worksheets(Worksheets.Count))
    '別のブックの末尾のシートをコピー先にする
    Set bkNew = Workbooks("NewBook.xlsx")
    Set shtNew2 = bkNew.Worksheets(bkNew.Sheets.Count)

    '名前から「佐藤」を抽出
    Range("B2").AutoFilter Field:=2, Criteria1:="佐藤"

    '抽出結果を同じブックと別のブックにコピー
    Range("B2").CurrentRegion.Copy shtNew1.Range("B2")
    Range("B2").CurrentRegion.Copy shtNew2.Range("B2")

End Sub
```

コピー先の設定を実行(❶)

抽出してコピー(❷)

❶ コピー先の設定を実行する

抽出後のデータのコピー先は2つあります。1つは同じブックの末尾に作成した新しいシートで、もう1つは「NewBook.xlsx」の右端のシートです。後者はすでにデータがあっても、上書きされるので注意してください。**どちらかの動作だけでよければ、不要なほうをコメントアウトしましょう**。

また、「NewBook.xlsx」にも新しいシートを作成したいときは、「Set shtNew2」から始まる行を「Set shtNew2 = bkNew.Worksheets.Add(After:=Worksheets(bkNew.Sheets.Count))」とします。

❷ 抽出データをコピーする

名前の列の「佐藤」をAutoFilterの引数Criteria1で抽出して、同じブック「shtNew1」と別のブック「shtNew2」のシートにコピーします。

> **ATTENTION**
>
> このコードをそのまま実行する場合は、「NewBook.xlsx」を開いた状態で実行してください。開いていない場合は、エラーになります。

時短 10 分

抽出したデータを集計する

フィルターで抽出したデータを集計するのにSUM関数を使うと、抽出されなかったデータも計算に含められてしまいます。抽出したデータだけをマクロで集計するにはどうすればいいのでしょうか。

SUBTOTAL関数で抽出データを集計する

フィルターで抽出したデータだけを集計したいときは、マクロ内でExcelのワークシート関数のSUBTOTALを用います。SUBTOTAL関数を利用すれば、抽出されたデータ数のカウントだけでなくデータの合計や平均、最大値や最小値などを一発で求めることができます。

抽出したデータを範囲に指定して合計を求めるにはSUBTOTAL関数以外にもSUM関数がありますが、SUBTOTALでは非表示になっているセルの値や小計を集計から除外するオプションが用意されているので、柔軟に集計を行うことができます。

ここでは、フィルターで「名前」の列から「田中」を抽出して、抽出された数を求めるとともに、「金額」の列のデータの合計を集計してメッセージボックスに表示してみます。

■表から「田中」を抽出して集計し、「抽出数」と「金額」を表示する

番号	名前	フルネーム	性別	生年月日	住所	金額
1	遠藤	エンドウ ユウコ	女	1980/6/25	香川県高松市	1,000
2	田中	タナカ オリエ	女	1981/9/29	富山県富山市	500
3	永田	ナガタ マサハル	男	1981/6/4	福島県南相馬市	1,800
4	今野	コンノ ツネユキ	男	1986/10/18	京都府京都市	5,000
5	池田	イケダ ミツオ	男	1971/9/11	静岡県浜松市	980
6	永野	ナガノ ヨシタケ	男	1985/6/28	青森県むつ市	2,500
7	山本	ヤマモト ヒデジ	男	1974/4/21	茨城県鹿嶋市	9,800
8	米田	ヨネダ ジュンイチ	男	1977/10/9	宮城県気仙沼市	500
9	佐藤	サトウ ユキヒコ	男	1991/1/1	栃木県矢板市	3,000
10	畠山	ハタケヤマ ノブコ	女	1992/1/24	石川県金沢市	2,000
11	田中	タナカ センジ	男	1971/8/24	秋田県仙北市	3,300
12	宮内	ミヤウチ テツアキ	男	1992/11/7	石川県白山市	800
13	杉本	スギモト ナオキ	男	1979/1/20	岐阜県岐阜市	10,000
14	長島	ナガシマ ツネカズ	男	1981/9/25	長野県中野市	3,000

文字データの名前や数値データとしての金額を含む表から「田中」の行を抽出して、その数と金額の合計を集計する

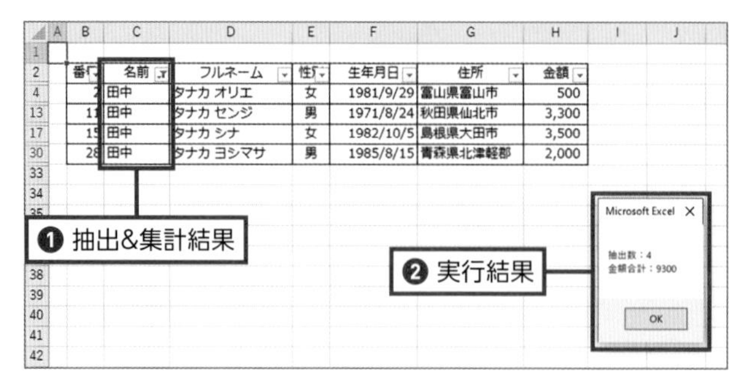

番号	名前	フルネーム	性別	生年月日	住所	金額
2	田中	タナカ オリエ	女	1981/9/29	富山県富山市	500
11	田中	タナカ センジ	男	1971/8/24	秋田県仙北市	3,300
15	田中	タナカ シナ	女	1982/10/5	島根県大田市	3,500
28	田中	タナカ ヨシマサ	男	1985/8/15	青森県北津軽郡	2,000

「名前」列から「田中」が抽出され（❶）、実行結果のメッセージボックスに集計数と金額の合計が正しく集計された（❷）

4-12-01.xlsm

```
Sub PickupTotal()

    Dim valSubTotal1 As Long   '抽出した数の集計
    Dim valSubTotal2 As Long   '抽出した金額の集計

    Range("C2").AutoFilter Field:=2, Criteria1:="田中"
    valSubTotal1 = Application.WorksheetFunction.Subtotal(3, 
    Range("C3:C32"))
    valSubTotal2 = Application.WorksheetFunction.Subtotal(9, Range("H:H"))
    MsgBox "抽出数：" & valSubTotal1 & vbCrLf & "金額合計：" & valSubTotal2

End Sub
```

1行

データの抽出と集計（❶）

❶ データを抽出・集計する

「名前」列から「田中」をフィルターで抽出し、Excelのワークシート関数SUBTOTALにあたるSubtotalメソッドで引数に「3」を指定して、データの個数を求め、「valSubTotal1」に代入します。「valSubTotal2」は引数に「9」を指定し、金額の列を集計して代入します。最後に、MsgBox関数で抽出したデータの個数と金額の合計をメッセージボックスに表示します。

POINT

Subtotalメソッドの1つ目の引数は、「1」で平均値、「2」で数値の個数、「3」でデータの個数、「4」で最大値、「5」で最小値、「6」で積、「9」で合計を求めます。

時短 10分

文書の索引を簡単に作るには

手入力で文書の用語索引を作ろうとすると、大変な手間と時間がかかります。マクロを使って単語の出現ページを項目ごとにまとめると、時間も手間も節約でき、さらにはミスも減らせます。

文書の索引を自動的に作成する

技術的な文書では、索引が重要になってきますが、作成するのは非常に大変です。まずは索引で取り上げるべきキーワードをノンブル（ページ番号）とともにピックアップします。次に、よみがなをキーワードから取り出して整序し、同じキーワードはまとめて1項目にします。

通常はExcelにキーワードとノンブルを入力し、キーワードのアルファベット順に並べ替えてから、同じキーワードに複数のノンブルがあれば、1つにまとめる作業を行います。キーワードが日本語なら、Excelのワークシート関数PHONETICで読みを抜き出してから、同じ作業を実行します。単純作業ですが、結構神経を使うため、1つのキーワードが出現するページが増えると、かなり時間がかかってしまいます。

ここではまず、文書内で使われている英文のキーワードとノンブルを記述したリストから、**自動的に索引を作るマクロ**を紹介します。さらに、その応用として、日本語のキーワードからよみがなを抜き出して索引を作る方法も扱います。

ATTENTION

次に紹介するマクロで索引の形を作成するには、索引の項目をA列に、ノンブルをB列に記述しておく必要があります。また、1行目はタイトル行として扱われ、整序の対象になりません。

■英単語のキーワードとノンブルを整序して索引にまとめる

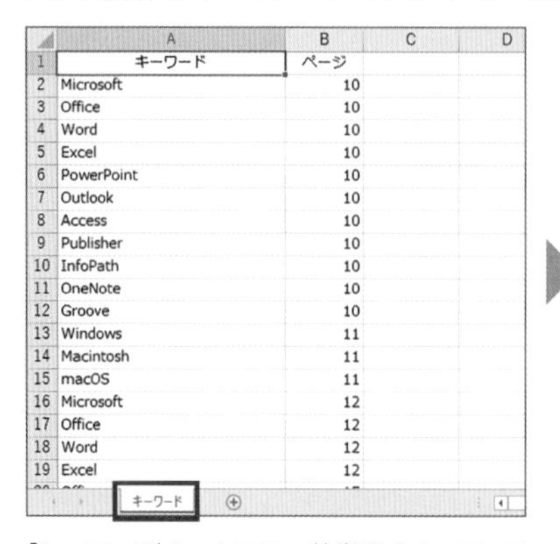

	A	B	C	D
1	キーワード	ページ		
2	Microsoft	10		
3	Office	10		
4	Word	10		
5	Excel	10		
6	PowerPoint	10		
7	Outlook	10		
8	Access	10		
9	Publisher	10		
10	InfoPath	10		
11	OneNote	10		
12	Groove	10		
13	Windows	11		
14	Macintosh	11		
15	macOS	11		
16	Microsoft	12		
17	Office	12		
18	Word	12		
19	Excel	12		

「キーワード」シートには、英単語のキーワードとその単語が載っているページのノンブルを並べて記述しておく。順序も回数も気にせず、見つけるたびにキーワードとノンブルを入力すればよい

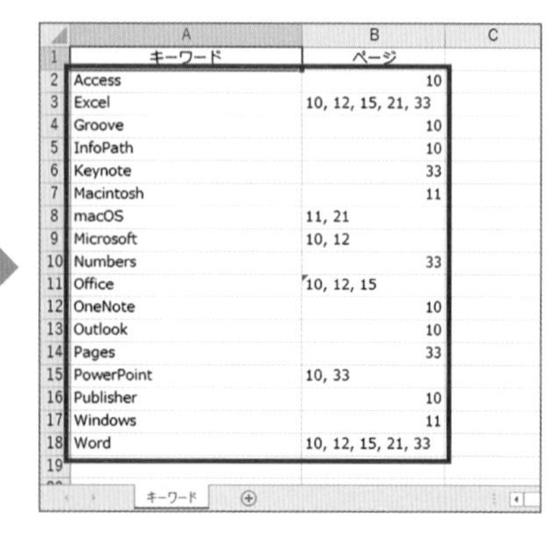

	A	B	C
1	キーワード	ページ	
2	Access	10	
3	Excel	10, 12, 15, 21, 33	
4	Groove	10	
5	InfoPath	10	
6	Keynote	33	
7	Macintosh	11	
8	macOS	11, 21	
9	Microsoft	10, 12	
10	Numbers	33	
11	Office	10, 12, 15	
12	OneNote	10	
13	Outlook	10	
14	Pages	33	
15	PowerPoint	10, 33	
16	Publisher	10	
17	Windows	11	
18	Word	10, 12, 15, 21, 33	
19			

マクロを実行すると、同じキーワードに対するノンブルをまとめて、索引作成結果が表示される。なお、エラーのマークのあるセルが表示されることもある（P.146のコラムを参照）

4-13-01.xlsm

```
Sub CreateIndex1()

    Dim rngSelect As Range    '処理対象のセル範囲
    Dim rngLine As Range      'キーワードのチェック範囲
    Dim rngInsert As Range    'キーワードが一致した行の挿入範囲
    Dim idx As Long           '削除行数のカウンター

    '仮の領域として空白の列を割り当てる
    Set rngInsert = Range("AA1:CC1")
    '処理の対象となるセル範囲を選択
    Set rngSelect = ActiveCell.CurrentRegion

    '「キーワード」→「ページ」の順で昇順ソート
    rngSelect.Sort _
      Key1:=Range("A2"), Order1:=xlAscending, _
      Key2:=Range("B2"), Order2:=xlAscending, _
      Header:=xlGuess, _
      OrderCustom:=1, _
      MatchCase:=False, _
      Orientation:=xlTopToBottom, _
      SortMethod:=xlPinYin, _
      DataOption1:=xlSortNormal, _
      DataOption2:=xlSortNormal
```

変数の初期設定

キーワードの列1とページの列を昇順で並べ替える（❶）

```
'行単位でチェック
For Each rngLine In rngSelect.Rows

  'キーワードの重複チェック
  If rngLine.Cells(1, 1).Value = rngInsert.Cells(1, 1).Value Then
    '同じセルにページを列記する
    rngInsert.Cells(1, 2).Value = rngInsert.Cells(1, 2).Value
    & ", " & rngLine.Cells(1, 2).Value                          1行
    'セルに列記済みのページ番号セルを黄色にマークする
    rngLine.Cells(1, 2).Interior.ColorIndex = 6
  Else
    Set rngInsert = rngLine
  End If
                                          キーワードの出現をチェック(❷)
Next
```

```
For idx = rngSelect.Rows.Count To 1 Step -1

    If rngSelect.Rows(idx).Cells(2).Interior.ColorIndex = 6 Then
      rngSelect.Rows(idx).Delete
    End If

Next
```

```
End Sub                                        マークした行を削除(❸)
```

❶ キーワードの列とノンブルの列を昇順で並び替える

キーワードとページを見やすい索引のために並び替えます。

❷ キーワードの出現をチェックする

キーワードが繰り返し出てきたものについては、ページの列の該当セルに追加して、追加後は不要になるので目印としてマークします(ここではセルの色を黄色にマークしています)。

❸ マークした行は追加済みなので削除する

セルが黄色にマークされた行は項目に統合済みなので、削除します。

索引のページ列に表示されたエラー

ページの列にエラーのマークが付いているセルがありますが、これは3つのノンブル表示が偶然に年月日の日付のフォーマットに適合しているからです。このまま修正せずに無視しましょう。フォーマットを日付に変えてしまうと、索引として成立しません。

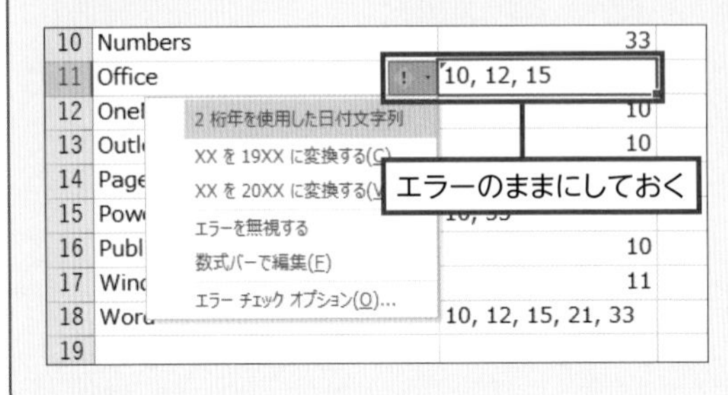

ページの列のセルB11(「10, 12, 15」の値が入っている)にエラーのマークが付いているが、無視する

応用 日本語の用語にも索引作成を拡張する

索引作成を英単語から日本語にも拡張します。漢字の単語は、よみがなで判断してノンブルの出現数とそのノンブルを確認できるようにします。索引を作成する元データとしては、列を追加してそこに日本語・英語の混在したキーワードからExcelのワークシート関数PHONETICで「読み」の列によみがなを取り出します。単語の出現ページの確認やページ項目への追加は、「読み」列の内容から行います。

ATTENTION

「キーワード」列からよみがなをPHONETIC関数で取り出せないと、このマクロはうまく動作しません。たとえば、テキストエディターに入力したキーワードをExcelにコピー&ペーストすると、「読み」列に期待した値が表示されません。ここで紹介したマクロを実務で使う場合は、入力時にExcelを使用するように徹底します。また、テキスト形式になっているデータを使わねばならないときは、P.99で紹介したマクロでよみがなを取得します。

■日本語のキーワードとノンブルを整序してまとめる

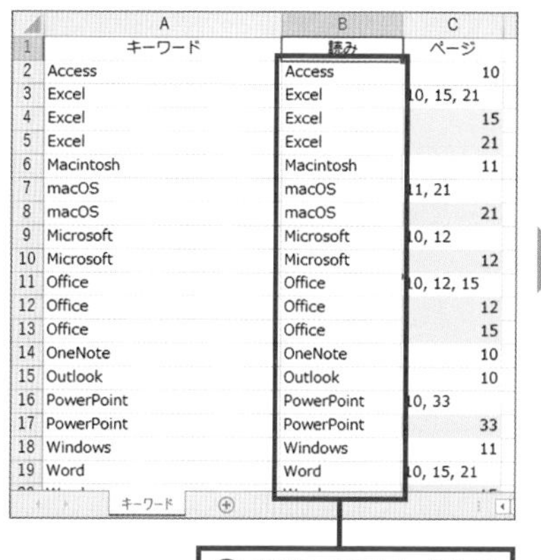

	A	B	C
1	キーワード	読み	ページ
2	Access	Access	10
3	Excel	Excel	0, 15, 21
4	Excel	Excel	15
5	Excel	Excel	21
6	Macintosh	Macintosh	11
7	macOS	macOS	1, 21
8	macOS	macOS	21
9	Microsoft	Microsoft	0, 12
10	Microsoft	Microsoft	12
11	Office	Office	0, 12, 15
12	Office	Office	12
13	Office	Office	15
14	OneNote	OneNote	10
15	Outlook	Outlook	10
16	PowerPoint	PowerPoint	0, 33
17	PowerPoint	PowerPoint	33
18	Windows	Windows	11
19	Word	Word	0, 15, 21

❶ 関数で読みを求める

「キーワード」シートには、キーワード、よみがな、ノンブルをセットにしておく。よみがなはPHONETIC関数でキーワードから求める（❶）

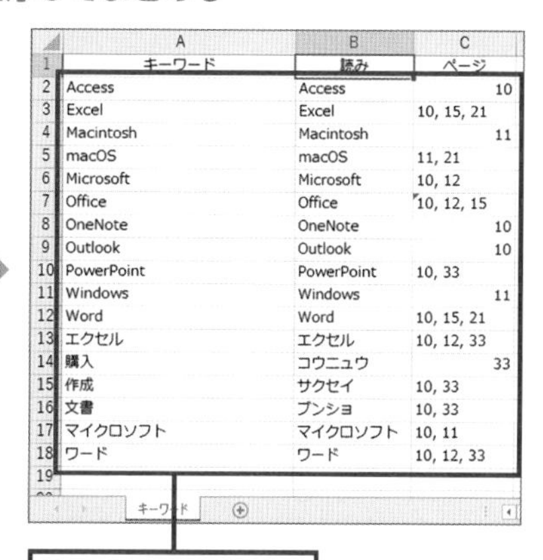

	A	B	C
1	キーワード	読み	ページ
2	Access	Access	10
3	Excel	Excel	10, 15, 21
4	Macintosh	Macintosh	11
5	macOS	macOS	11, 21
6	Microsoft	Microsoft	10, 12
7	Office	Office	10, 12, 15
8	OneNote	OneNote	10
9	Outlook	Outlook	10
10	PowerPoint	PowerPoint	10, 33
11	Windows	Windows	11
12	Word	Word	10, 15, 21
13	エクセル	エクセル	10, 12, 33
14	購入	コウニュウ	33
15	作成	サクセイ	10, 33
16	文書	ブンショ	10, 33
17	マイクロソフト	マイクロソフト	10, 11
18	ワード	ワード	10, 12, 33
19			

❶ 索引の形式になった

索引作成結果が表示される（❶）。エラーのマークのあるセルは、値が偶然に日付と同じ形式になったためなので、無視できる。日付に変換してはいけない

4-13-02.xlsm

```
Sub CreateIndex2()

  Dim rngSelect As Range    '処理対象のセル範囲
  Dim rngLine As Range      'キーワードのチェック範囲
  Dim rngInsert As Range    'キーワードが一致した行の挿入範囲
  Dim idx As Long           '削除行数のカウンター

  '仮の領域として空白の列を割り当てる
  Set rngInsert = Range("AA1:CC1")
  '処理の対象となるセル範囲を選択
  Set rngSelect = ActiveCell.CurrentRegion
  '「読み」→「ページ」で昇順ソート
  rngSelect.Sort _
    Key1:=Range("B2"), Order1:=xlAscending, _
    Key2:=Range("C2"), Order2:=xlAscending, _
    Header:=xlGuess, OrderCustom:=1, _
    MatchCase:=False, _
    Orientation:=xlTopToBottom, _
    SortMethod:=xlPinYin, _
    DataOption1:=xlSortNormal, _
    DataOption2:=xlSortNormal
```

変数の初期設定

「読み」列と「ページ」列を昇順で並べ替え（❶）

```
'行単位でチェック
For Each rngLine In rngSelect.Rows

  'キーワードの重複チェック
  If rngLine.Cells(1, 2).Value = rngInsert.Cells(1, 2).Value Then
    '同じ行にページを列記
    rngInsert.Cells(1, 3).Value = rngInsert.Cells(1, 3).Value
     & ", " & rngLine.Cells(1, 3).Value                         1行
    'セルに列記済みのページ番号セルを黄色にマークする
    rngLine.Cells(1, 3).Interior.ColorIndex = 6
  Else
  Set rngInsert = rngLine
  End If
                                      キーワードの出現チェック(❷)
Next
```

```
For idx = rngSelect.Rows.Count To 1 Step -1

  If rngSelect.Rows(idx).Cells(3).Interior.ColorIndex = 6 Then
    rngSelect.Rows(idx).Delete
  End If

Next
                                         マークした行を削除(❸)
End Sub
```

❶「読み」列と「ページ」列を昇順で並び替え

索引を見やすくするために、キーワードの「読み」列と「ページ」列を並び替えます。

❷キーワードの出現をチェックする

キーワードが繰り返し出てきたものについては、「ページ」列の該当セルに追加して、目印としてセルを黄色にマークします。

❸マークした行は追加済みなので削除する

セルが黄色にマークされた行は、項目に統合済みなので削除します。

あらかじめ表に入力した名前からシートを作成する

シート名を指定して複数の新規シートをブックに追加したい場合、あらかじめシート名を入力しておき、そこから一度にシートを新規作成する方法があります。いちいち手動で作業するより、かなり速くなるはずです。

表に入力した値を名前にした空白シートを作成する

たとえば、チームのメンバーごとにシートを分けてデータを入力したいとき、新規シートを作成してシート名を変更する作業が発生します。シート名に入力する文字列が簡単であればいいのですが、名前や社名のように入力に手間がかかる場合は、シートを作成して名前を付けるだけでも、かなり大変です。

そんなときは、**既存のシートに追加したいシート名を入力しておき、その値を使って新しいシートを自動で作成するマクロを使えば、一瞬で必要な数のシートが作成され、シート名が設定できます**。

ここでは、開いている表のセルに「A社」「B社」……「E社」と入力し、そのセルの値をシート名とした新しいシートを同じブック内に追加するマクロを紹介します。また、新しいシートの自動生成ではなく、**すでにあるシートに同じように名前を付けて内容のデータをコピーするマクロも紹介します**。こちらはさらに便利なので、ぜひ使ってみてください。

セルの値をシート名にして新規作成する

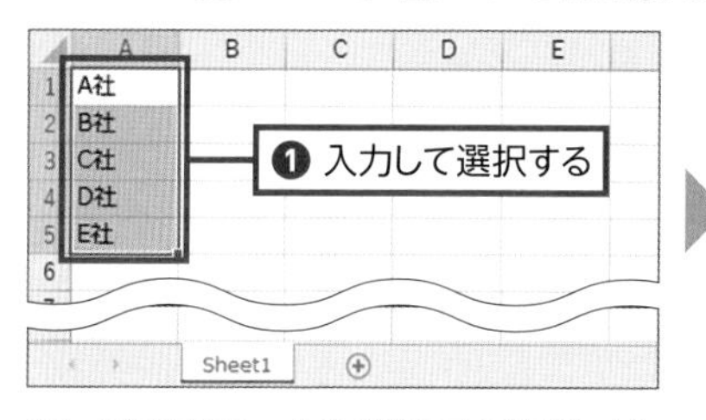

新しく追加するシートの名前にする値を入力して選択し(❶)、「CreateMultiSheets」マクロを実行する

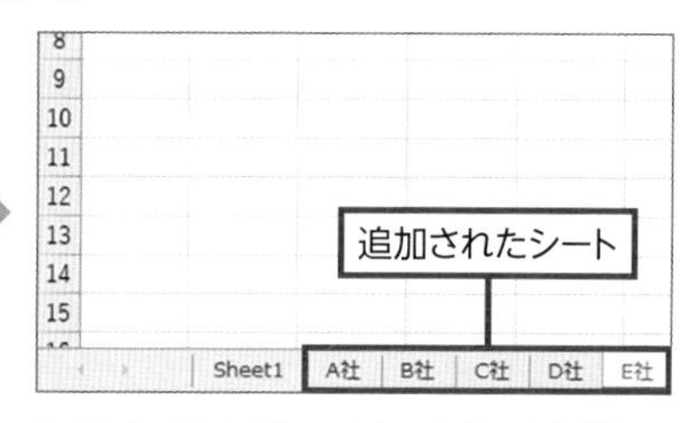

セルに入力したデータをシート名にした新しいシート「A社」「B社」……「E社」が追加された

4-14-01.xlsm

```
Sub CreateMultiSheets()

  Dim rngSelect As Range  '選択するセル

  For Each rngSelect In Selection
    Sheets.Add after:=Sheets(Sheets.Count)
    Sheets(Sheets.Count).Name = rngSelect.Value
  Next

End Sub
```

セルの値をシート名にして新規作成

POINT

上に挙げたマクロではSheetsコレクションを使っていますが、ここではWorksheetsコレクションを使っても同じです。Sheetsコレクションには、ワークシート以外にグラフシートも含まれますが、ワークシートだけのブックでは、どちらを使っても結果は同じです。

ATTENTION

シート名をセルの値から生成する場合にはシート名に使える文字の種類に制限があることに注意する必要があります。例としては、半角の「/」「*」「¥」「?」「:」「[」「]」といった文字はシート名に使えず、エラーになります。特に、日付がセルの値になっている場合は表示が「2020年6月1日」となっていたとしても実際の値は「2020/6/1」であり、「/」を含みます。日付など記号を含む場合には気を付けましょう。また、シート名には使えてもマクロ実行時にエラーになる全角文字もあるので、エラーが発生した場合には使われている文字を確認するといいでしょう。

応用 既存のシートを名前を変えながらコピーする

Excelの機能でシートをコピーすると、コピー元のシート名に「(2)」などの連番がついた名前になります。これを適切な名前に変更するのはなかなか面倒で、シート数が多いと大変でしょう。

そこで試してほしいのが、次に紹介するマクロです。このマクロでは、「○社」「△社」「□社」という名前のシートがそれぞれ「A社」「B社」「C社」シートとして、それぞれコピーされます。なお、「D社」まで選択してマクロを実行すると、「A社」シート（すなわち「○社」シートと同じ）がコピーされて「D社」シートになります。また、「○社」シートしかないブックで「A社」から「E社」までを選択してマクロを実行すると、すべて同じシートが作成されます。

■セルの値をシート名にしてコピーする

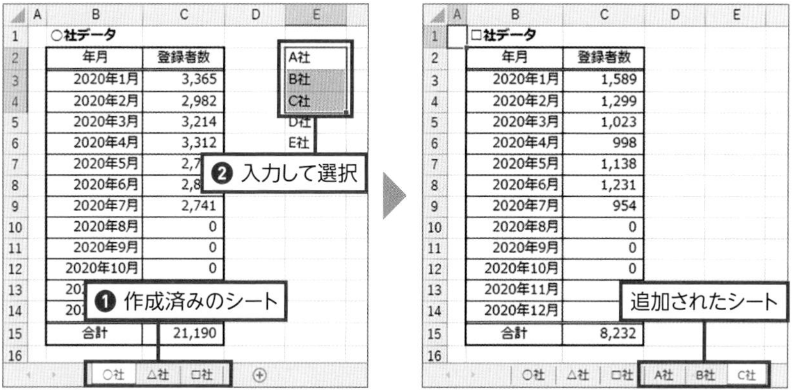

❶ 作成済みのシート

❷ 入力して選択

作成済みのシートは「○社」「△社」「□社」（❶）。新しく追加するシートの名前にしたいデータを入力して選択し（❷）、「CreateCopiedSheets」マクロを実行する

追加されたシート

「○社」「△社」「□社」のシートがコピーされ、それぞれ「A社」「B社」「C社」という名前が付けられた

4-14-02.xlsm

```
Sub CreateCopiedSheets()

  Dim rngSelect As Range   '選択するセル
  Dim idx As Long          'シート番号用変数

  idx = 1
  For Each rngSelect In Selection
    Sheets(idx).Copy after:=Sheets(Sheets.Count)
    Sheets(Sheets.Count).Name = rngSelect.Text
    idx = idx + 1
  Next

End Sub
```

セルの値をシート名にしてコピー

4 / 15

時短 10 分

選択したシートを新しいブックにコピーする

シートを別のブックにコピーするには、マクロでCopyメソッドを使うのが便利です。新しいブックへのシートのコピーはたった1行で簡単に実行できます。

別のブックにシート単位でコピーを行う

いろいろな情報を書き込んでいるブックから、1つのシートだけ切り出してメールなどで送りたいとき、どういう方法があるでしょうか。まず新しいブックを作成し、コピーしたいブックからシートタブを右クリックしてから[移動またはコピー]を選択し、表示されたダイアログで[移動先ブック名]から目標のブックを選択。さらに、[コピーを作成する]にチェックを付けて[OK]ボタンをクリックする……こんな複雑な手順を何回も繰り返すのは避けたいものです。

VBAには、セルやシート、ブックの単位でコピーが可能なCopyメソッドが用意されています。これをシートのコピーで利用すると、別のブックへのコピーも容易です。コピーではなく、移動したいときは、Moveメソッドを使えば同様にできます。

ここでは、たった1行で1つのシート、あるいは複数のシートのそれぞれを新しいブックへコピーするサンプルと、引数でブックとシートの位置を指定する方法を解説します。これらを参考にすれば、実務でのコピーも簡単に行えるはずです。

POINT

Copyメソッドを引数なしで実行すると、新しいブックを作って、そこにコピーを行います。また、引数にコピー元やコピー先のブック内のシートの位置や、コピーするシート数を指定することも可能です。なお、Copyメソッドで指定できる引数は、Moveメソッドでも同じように使うことができます。

アクティブなシートを新しいブックにコピーする

2020年データ	
氏名	現住所
荒川 澄	東京都
大村 僖三郎	滋賀県
上村 和海	東京都
新井 夕子	東京都
千田 従典	兵庫県
上原 香世子	静岡県
比嘉 豊次	東京都
福田 常次	新潟県
新谷 絢子	京都府

2020年 2019年 2018年 ...

新しいブックにコピーしたいシート(ここでは「2020年」シート)を選択して表示し、マクロを実行する。なお、複数のシートを選択しても、アクティブシートしかコピーされない

2020年データ	
氏名	現住所
荒川 澄	東京都
大村 僖三郎	滋賀県
上村 和海	東京都
新井 夕子	東京都
千田 従典	兵庫県
上原 香世子	静岡県
比嘉 豊次	東京都
福田 常次	新潟県
新谷 絢子	京都府

新しいブックにコピー

2020年

新しいブック(ここでは「Book1」)が生成されて、コピー元のブックのアクティブなシート「2020年」がコピーされた

4-15-01.xlsm

```
Sub CopyOneSheetToBook()

    ActiveSheet.Copy ──アクティブなシートを新しいブックにコピー(❶)

End Sub
```

❶ Copyメソッドを記述する

アクティブなシートをコピーするために、ActiveSheet.Copyを引数なしで実行します。引数なしのCopyメソッドでは、コピー先に新しいブックを生成し、そのブックにシートがコピーされます。

応用 選択した複数のシートを新しいブックにコピーする

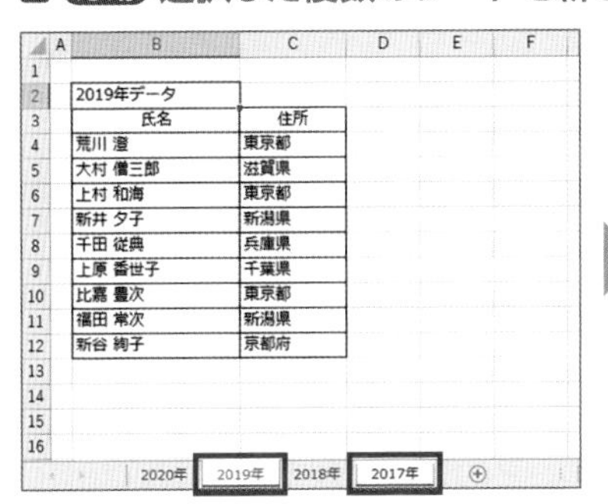

2019年データ	
氏名	住所
荒川 澄	東京都
大村 僖三郎	滋賀県
上村 和海	東京都
新井 夕子	新潟県
千田 従典	兵庫県
上原 香世子	千葉県
比嘉 豊次	東京都
福田 常次	新潟県
新谷 絢子	京都府

コピー元のブックでコピーしたいシート「2019年」と「2017年」を選択して、「CopyMultiSheetsToBook」マクロを実行する

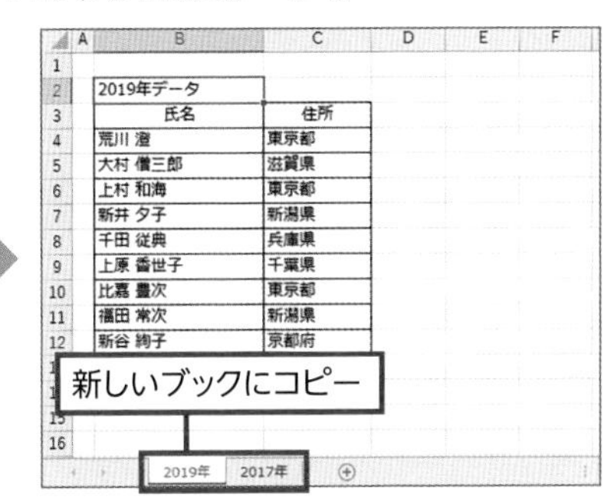

2019年データ	
氏名	住所
荒川 澄	東京都
大村 僖三郎	滋賀県
上村 和海	東京都
新井 夕子	新潟県
千田 従典	兵庫県
上原 香世子	千葉県
比嘉 豊次	東京都
福田 常次	新潟県
新谷 絢子	京都府

新しいブック(ここでは「Book1」)が生成されて、コピー元に選択したシート「2019年」と「2017年」がコピーされた

4-15-02.xlsm

```
Sub CopyMultiSheetsToBook()

  ActiveWindow.SelectedSheets.Copy ── 選択した複数シートを
                                       新しいブックにコピー(❶)

End Sub
```

❶ Copyメソッドを記述する

選択したシートをコピーするために、ActiveWindow.SelectedSheets.Copyを引数なしで実行します。引数なしのCopyメソッドでは、コピー先に新しいブックを生成し、そのブックにシートがコピーされます。

■Copyメソッドの引数と記述例

Copyメソッドは、前述の例のように引数なしで実行すれば、新規ブックへのシートのコピーが可能ですが、引数を記述することで多彩なCopyを実行することもできます。

ここで、引数を含めたCopyメソッドの記述方法をいくつか紹介します。

■Copyメソッド記述例

`Worksheets("Sheet1").Copy After:=Worksheets("Sheet2")`
「Sheet1」を同じブックの「Sheet2」の後ろにコピーする。コピーされたシート名は「Sheet1 (2)」のように自動的に名前が付けられる
`Worksheets("Sheet1").Copy Before:=Worksheets("Sheet2")`
「Sheet1」を同じブックの「Sheet2」の前にコピーする。コピーされたシート名は「Sheet1 (2)」のように自動的に名前が付けられる
`Worksheets("Sheet1").Copy Before:=Worksheets(1)`
「Sheet1」を同じブックの先頭にコピーする。引数のBeforeに1番目のシートを指定すると、先頭の位置にコピーできる
`Worksheets("Sheet1").Copy After:=Worksheets(Worksheets.Count)`
「Sheet1」を同じブックの末尾にコピーする。Worksheets.Countプロパティでブックに含まれるシートの数が取得できる。これを使って、引数のAfterに末尾のシートのインデックス番号を指定することで、ブックの末尾にコピーできる
`ActiveSheet.Copy Before:=Workbooks("TargetBook.xlsx").Sheets(1)`
アクティブなシートを別のブック「TargetBook.xlsx」の先頭にコピーする
`Sheets(1).Copy Before:=Workbooks("TargetBook.xlsx").Sheets(1)`
アクティブなブックの最初のシートを別のブック「TargetBook.xlsx」の先頭にコピーする

時短40分

複数のブックを1つのブックで集計する

スタッフそれぞれが作成した経費精算書を1つのブックにまとめるのは、かなり骨の折れる作業です。同じ書式で経費精算書が作られていれば、マクロを使ってスタッフ全員のブックを一瞬で集計できます。

複数のブックのデータを1つのシートで集計する

シートのコピーをせずに複数のブックの集計を行うには、「=[ブック名.xlsx]シート名!B2」などという書式を使って、ほかのブックを参照する方法があります。しかし、これは処理対象となるブックの名前や保存場所があらかじめわかっていないと、エラーが多発して、かえって面倒になってしまいます。

こういう場合は、マクロを使ってみましょう。ここでは、各社員の提出した経費精算書をまとめて集計するためのマクロを紹介します。元の経費精算書のブックに変更を加えることなく、各ブックのシートからデータを抜き出し、マクロを設定した計算用ブックのシートに書き出します。

■各社員の経費精算書を1シートに集計する

	A	B	C	D	E	F
1				経費精算書		
2					申請日	2020年6月30日
3		社員番号	A19001			
4		氏名	永田 政治			
5						
6		日付	内容	支払先	金額	備考
7		2020/6/10	旅費交通費	JR	¥ 1,260	
8		2020/6/16	消耗品費	×カメラ	¥ 2,090	
9			旅費交通費			
10			接待交際費			
11			会議費			
12			研修費			
13						
14						
15						
16						
17						
18			合 計		¥ 3,350	
19						

(ドロップダウンリスト：旅費交通費／接待交際費／会議費／研修費／消耗品費／通信料)

集計対象のセル

集計する「経費精算書」ブックの例。各社員の経費精算書を同じフォルダーに保存しておく。集計対象のデータは、それぞれ同じセルに入力しておく。ここではセルE18が集計対象だ

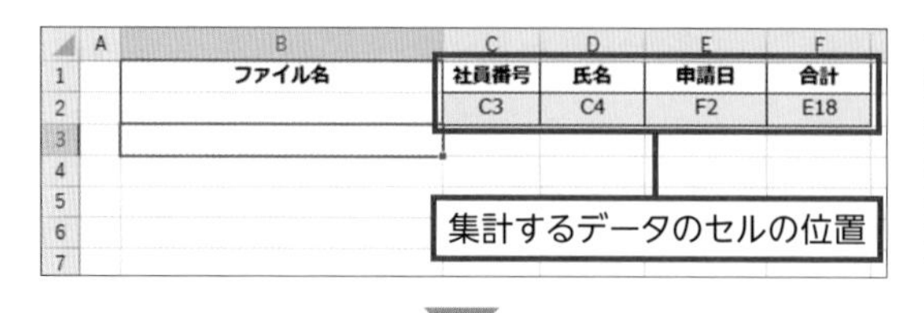

マクロを含んだ集計用シート。経費精算書の集計対象のデータが入っているセルの位置を表に入力しておき「TotalMultiBooks」マクロを実行する

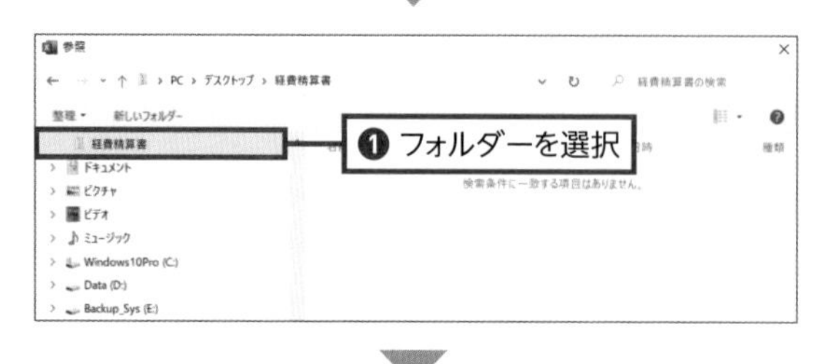

マクロを実行するとファイル選択ダイアログが開くので、経費精算書の保存されているフォルダーを指定する（❶）。なお、マクロを含んだブックとは異なるフォルダーに保存しておく。また、OneDrive以下のフォルダーでは動作しない

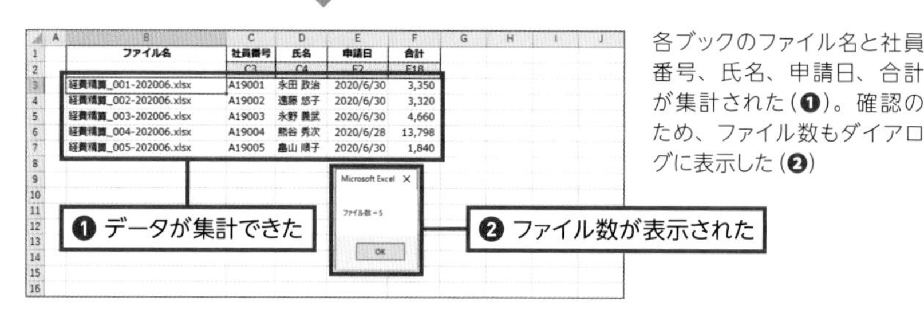

各ブックのファイル名と社員番号、氏名、申請日、合計が集計された（❶）。確認のため、ファイル数もダイアログに表示した（❷）

4-16-01.xlsm

```
Sub TotalMultiBooks()

  Dim strFolder As String        '各社員の精算書が保存されているフォルダー名
  Dim strTargetBook As String    'データ集計のために読み込むブックのファイル名
  Dim valData As Variant         'ブック内のセル
  Dim idx1 As Long               'ループ処理用のカウンター1
  Dim idx2 As Long               'ループ処理用のカウンター2

  '帳票読み込みフォルダー選択
  Application.DisplayAlerts = False
  With Application.FileDialog(msoFileDialogFolderPicker)
    If .Show = True Then
      strFolder = .SelectedItems(1)
    Else
      Exit Sub
    End If
  End With
```

ブックの保存先フォルダーの指定（❶）

```
'帳票ファイルからデータ収集
idx1 = 2
strTargetBook = Dir(strFolder & "¥*.xls*")

Do Until strTargetBook = ""
  Workbooks.Open Filename:=strFolder & "¥" & strTargetBook
  idx1 = idx1 + 1
  idx2 = 3

  With ThisWorkbook.Sheets("Sheet1")
    .Cells(idx1, 2).Value = strTargetBook
    Do
      valData = .Cells(2, idx2).Value
      If valData = "" Then
        Exit Do
      End If
      .Cells(idx1, idx2).Value = Range(valData).Value
      idx2 = idx2 + 1
    Loop
  End With

  Workbooks(strTargetBook).Close
  strTargetBook = Dir()
Loop
```

集計データの収集（❷）

```
'読み込んだファイル数を表示する
MsgBox "ファイル数=" & (idx1 - 2)
```

ファイル数の表示（❸）

```
End Sub
```

❶ ブックを保存するためのフォルダーを指定する

ファイル選択のためのダイアログを表示し、Application.FileDialogで集計する経費精算書が保存されているフォルダーを選択します。

❷ 集計データを収集する

各経費精算書を開き、ファイル名と集計用の表に記入したセルのデータを集計シートの該当する列に自動入力して閉じます。この操作を選択したフォルダーにあるブックすべてに対して、順に行います。

❸ ファイル数を表示する

処理完了を確認するため、「MsgBox」を使って、読み込んだ経費精算書のファイル数を表示します。メッセージボックスが不要なら、ここを削除します。

4 / 17

時短 30 分

複数のブックを 1つのブックに結合する

複数のブックを1つに結合するのは、なかなか大変な作業です。シートをひとつひとつコピーしていたのでは間に合わないことも多いでしょう。そんなときこそ、マクロの出番です。

複数ファイルを一度で1つのブックに結合する

複数のブック内容を1つにまとめたいとき、ブックの数が少なければ、コピー&ペーストすることも可能でしょう。しかし、ブックが多いと大変な手間になってしまいます。数式で参照すれば便利そうですが、ブックの場所を示すパスをいちいち取得するのは非常に面倒です。マクロを使えば、大幅に省力化できるでしょう。

ここでは、**ファイルを開くダイアログから複数のブックを選択するだけで、それらを一気に1つのブックに結合するマクロを紹介します。**例として、複数の社員の経費精算書の入ったブックを1つのブックにまとめてみましょう。

■各社員の経費精算書を1つのブックに結合する

1つのブックに結合したいブックは、同じフォルダー内に保存しておく。「Merge MultiBooks」マクロを実行して、ファイル選択のダイアログが開いたら、結合したいブックを選択して[開く]をクリックする

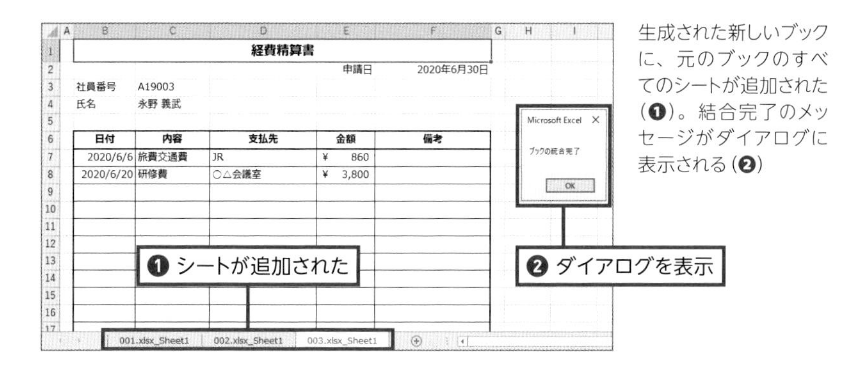

生成された新しいブックに、元のブックのすべてのシートが追加された(❶)。結合完了のメッセージがダイアログに表示される(❷)

4-17-01.xlsm

結合先のブックの作成と結合元からのコピー(❶)

```
Sub MergeMultiBooks()

  Dim bkSource As Workbook      '統合元のブック
  Dim shtSource As Worksheet    '統合元のブックのシート
  Dim bkMerge As Workbook       '統合するブック
  Dim valData As Variant        'ファイル名などの変数
  Dim numCount As Long          'カウンター
  Dim idx As Long               'ループ処理のためのカウンター

  '結合したいブックを選択
  With Application.FileDialog(msoFileDialogOpen)
    .AllowMultiSelect = True
    .InitialFileName = ThisWorkbook.Path & "¥file"

    '新しいブックにシートを追加
    If .Show = True Then
      Set bkMerge = Workbooks.Add
      numCount = bkMerge.Worksheets.Count

      For Each valData In .SelectedItems
        Set bkSource = Workbooks.Open(valData)

        For Each shtSource In bkSource.Worksheets
           shtSource.Copy After:=bkMerge.Worksheets(bkMerge.      1行
           Worksheets.Count)
           ActiveSheet.Name = bkSource.Name & "_" & shtSource.Name
        Next

        bkSource.Close
      Next

      Application.DisplayAlerts = False
      For idx = numCount To 1 Step -1
        Worksheets(idx).Delete
      Next
```

```
    MsgBox "ブックの統合完了"
  Else
    MsgBox "ブック統合を中止"
  End If
End With

End Sub
```

ダイアログメッセージの表示(❷)

❶ 結合先のブックを作成し、結合元からシートをコピーする

結合するための新しいブックを生成し、結合元の各ブックを開きます。そして、統合元の各ブック名を結合先のブックの各シート名にして、それぞれの内容をシートにコピーします。

❷ メッセージをダイアログに表示する

統合完了時には「ブックの統合完了」、ブックが選択されないなどの理由で完了しなかった場合には「ブック統合を中止」というメッセージを表示します。

MsgBox関数

MsgBox関数は、ダイアログにメッセージを表示して、ユーザーに伝えるためのもっとも手軽な手段です。引数にはメッセージやアイコン、ボタンの数などを指定でき、どのボタンを押したかによって異なる処理を実行することも可能です。ここでは、アイコンの表示方法を紹介します。引数でメッセージのあとに「vbCritical」でエラーアイコン、「vbExclamation」で警告アイコン、「vbInformation」で情報アイコンを表示できます。たとえば、上で挙げたマクロのMsgBox関数を「MsgBox "ブック統合を中止", vbCritical」とすると、ダイアログが以下の画像に変わります。

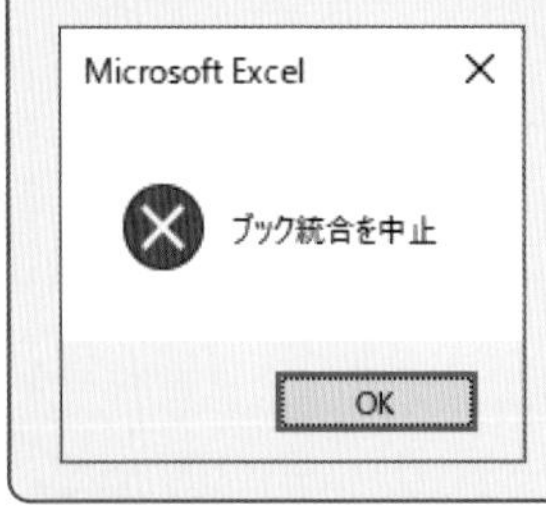

4 / 18

時短 20 分

シートを名前順に並べ替える

作業効率のためにシート名で並べ替えを行いたいとき、ドラッグ&ドロップでは時間がかかるうえに、作業ミスも生じやすくなってしまいます。マクロを使って、手早く正確に並べ替えるにはどうすればよいでしょうか。

シート名の昇順／降順で並び替える

多くのシートを含むブックで並べ替えを行うには、マウスを使ったドラッグ＆ドロップの操作が必要になります。ドラッグするシートタブは小さく、ドラッグする距離も大きくなりがちなので、途中でボタンを離してしまい、意図しない場所にシートが移動してしまうこともあります。誤操作によってデータを失うことはあまり考えられませんが、それでも神経を使う作業であることには違いありません。

ここでは、**マクロを使って自動で並べ替えを行う方法を紹介します**。並べ替えの対象は年ごとにシートにまとめた5年分のデータで、シート名の昇順または降順で並べ替えます。

シートを年の順番に並び替える

2020年データ

氏名	現住所
荒川 澄	東京都
大村 償三郎	滋賀県
上村 和海	東京都
新井 夕子	東京都
千田 従典	兵庫県
上原 香世子	静岡県
比嘉 豊次	東京都
福田 常次	新潟県
新谷 絢子	京都府

シートの順序を確認

2020年 | 2016年 | 2018年 | 2017年 | 2019年

ブック内のシートの順は作業中でバラバラの状態だ。「SortSheets」マクロを実行する

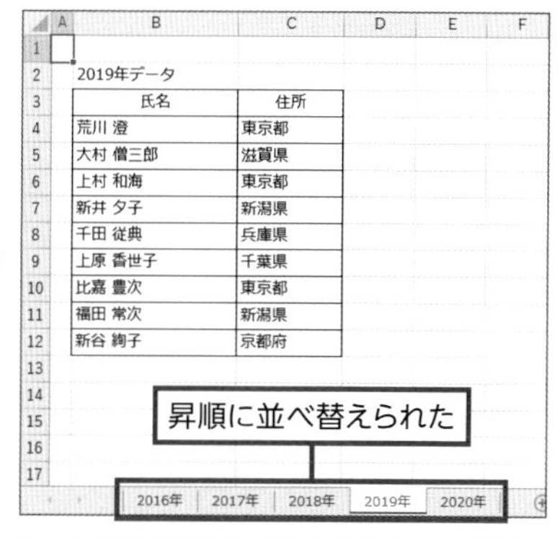

シートの順番が2016から2020への昇順に並び替えられた

4-18-01.xlsm

```
Sub SortSheets()

  Dim numSheet As Long  'ブックに含まれるシートの数
  Dim idx As Long  'ループ処理のためのカウンター

  numSheet = Sheets.Count
  Sheets.Add after:=Sheets(numSheet)

  '作業用シートにシート名を記録
  ActiveSheet.Name = "year"
  For idx = 1 To numSheet
    Cells(idx, 1).NumberFormatLocal = "@"
    Cells(idx, 1).Value = Sheets(idx).Name
  Next

  'シート名の並べ替え(昇順)
  Range("A1").CurrentRegion.Sort key1:=Range("A1"), _
    order1:=xlAscending, Header:=xlNo, Orientation:=xlSortColumns

  'シート名の並べ替え(降順)
  'Range("A1").CurrentRegion.Sort key1:=Range("A1"), _
    order1:=xlDescending, Header:=xlNo, Orientation:=xlSortColumns

  'シートの移動
  For idx = 1 To numSheet - 1
    Sheets(Sheets("year").Cells(idx, 1).Value).Move
    before:=Sheets(idx)
  Next

  '作業用シートを削除
  Application.DisplayAlerts = False
  Sheets("year").Delete
  Application.DisplayAlerts = True

End Sub
```

初期値の設定(❶)

作業用シートの設定(❷)

シートの並べ替え(昇順)(❸)

シートの並べ替え(降順)(❹)

シートの移動(❺)

1行

作業用シートの削除(❻)

POINT

ロジックとしては、最初に作業用のシートを作成して、そこにシート名を一時的に保存します。そして、シート名を並べ替えてから、その並び順に合わせてそれぞれのシートを移動して、最後に作業用シートを削除しています。直接シートを並べ替えるのではなく、シート名を先に処理するのがこのマクロのコツです。

❶ 初期値を設定する

シートの数を「numSheet」に設定して、新しいシートをブックの末尾(右端)に追加します。

❷ 作業用シートを設定する

作業用に追加したシートの名前を「year」に設定し、各シートの名前をセルA1から1列に並べます。その際、シート名の先頭に「0」が入っていたときのために、NumberFormatLocalプロパティを「"@"」に設定し、セルの書式を文字列にしておきます。

❸ シート名を並べ替える(昇順)

「year」シートに保存したシート名を昇順に並べ替えます。Sortメソッドで引数に「order1:=xlAscending」を指定します。降順で並べ替えるときは、コメントアウトします。

❹ シート名を並べ替える(降順)

降順で並べ替えるには、行頭の「'」を削除して、Sortメソッドの引数を「order1:=xlDescending」とします。なお、コメントアウトしなくても「Ascending」または「Descending」を別途変数としてコードの先頭に配置し、引数orderをその変数で指定する方法にコードを変更すれば、1カ所修正するだけで昇順と降順を切り替えることができます。

❺ シートを移動する

実際のシートの並べ替えを行います。すでに並べ替えてあるシート名にしたがって、各シートを移動します。

❻ 作業用シートを削除する

並べ替え作業に使用したシート「year」を削除します。「Application.DisplayAlerts = False」で、削除確認のアラート「このシートは完全に削除されます。続けますか？」が表示されないようにします。

間違った操作をしたらダイアログでアドバイスする

ブックを複数のメンバーで編集する場合、誤って変更すべきでないセルの値を変更してしまわないように、変更されたときにはアラートを表示してみましょう。シートの保護機能より柔軟な操作が可能です。

セルの内容を変更しようとすると注意を促す

通常、変更してはいけないセルはシートの保護機能を使ってロックしますが、もしロックしたセルを変更しようとしたときには、保護されていると表示され、変更できません。機能的にはこれで十分かもしれませんが、なぜ保護されているのかなど、ほかの情報は一切表示されません。

変更を許可したくないセルを変更しようとしたとき、ダイアログで情報を伝えたいなら、マクロを利用しましょう。ここでは、データを変更したくないセルの範囲を指定して、内容の変更があったかどうかをイベントプロシージャ「Worksheet_Change」で監視します。もし、その**セルを編集しようとすると、ダイアログで注意を表示して簡易的なデータ保護を行います**。

サンプルでは、表のフルネームと生年月日を編集禁止にするために、そのセルに変更を加えようとすると変更禁止のメッセージを表示し、元の内容を保持します。

なお、ここで紹介するマクロはシートモジュールに記述します。

フルネームと生年月日の変更を監視してデータを保護

番号	名前	フルネーム	性別	生年月日	住所	金額
1	遠藤	エンドウ ユウコ	女	1980/6/25	香川県高松市	1,000
2	田中	タナカ オリエ	女	[illegible]	[illegible]	500
3	永田	ナガタ マサ	男	[illegible]	[illegible]	1,800
4	今野	[illegible]	男	[illegible]	[illegible]	5,000
5	池田	イケダ ミツオ	男	1971/9/11	静岡県浜松市	980
6	永野	ナガノ ヨシタケ	男	1985/6/28	青森県むつ市	2,500
7	山本	ヤマモト ヒデジ	男	1974/4/21	茨城県鹿嶋市	9,800
8	米田	ヨネダ ジュンイチ	男	1977/10/9	宮城県気仙沼市	500
9	佐藤	サトウ ユキヒコ	男	1991/1/1	栃木県矢板市	3,000
10	畠山	ハタケヤマ ノブコ	女	1992/1/24	石川県金沢市	2,000

❶ 文字を入力

「フルネーム」列の値を変更しようとしている(❶)。このブックは、フルネームの列を編集禁止に設定してある

	A	B	C	D	E	F	G	H
1								
2		番号	名前	フルネーム	性別	生年月日		
3		1	遠藤	エンドウ ユウコ	女	1980/6/25		
4		2	田中	タナカ オリエ	女	1981/9/29		
5		3	永田	ナガタ マサハル	男	1981/6/4		
6		4	今野	コンノ ツネユキ	男	1986/10/18		
7		5	池田	イケダ ミツオ	男	1971/9/11		
8		6	永野	ナガノ ヨシタケ	男	1985/6/28	[illegible]	2,500
9		7	山本	ヤマモト ヒデジ	男	1974/4/21	茨城県鹿嶋市	9,800
10		8	米田	ヨネダ ジュンイチ	男	1977/10/9	宮城県気仙沼市	500

Microsoft Excel
登録したフルネームは変更できません
OK

変更した状態で Enter を押して確定すると、変更が取り消されて「変更できない」というメッセージがダイアログに表示される。なお、「生年月日」列の値も同様だ

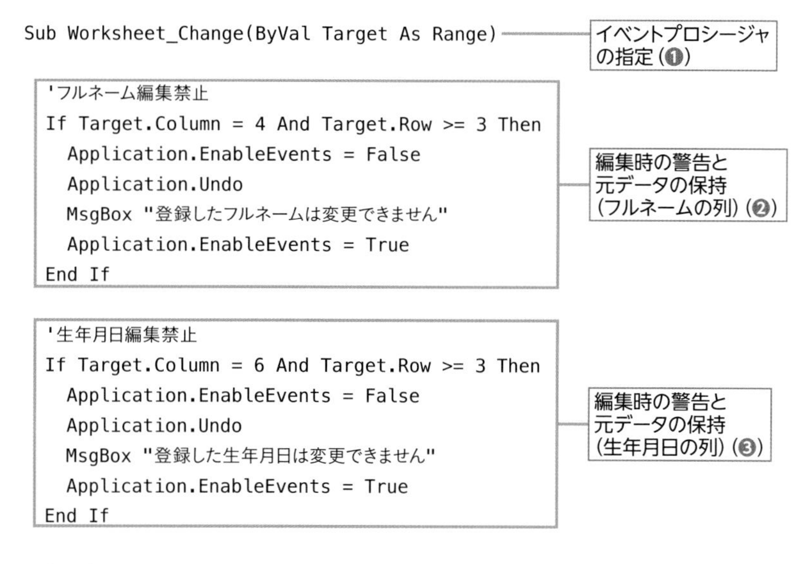

4-19-01.xlsm

```
Sub Worksheet_Change(ByVal Target As Range)

  'フルネーム編集禁止
  If Target.Column = 4 And Target.Row >= 3 Then
    Application.EnableEvents = False
    Application.Undo
    MsgBox "登録したフルネームは変更できません"
    Application.EnableEvents = True
  End If

  '生年月日編集禁止
  If Target.Column = 6 And Target.Row >= 3 Then
    Application.EnableEvents = False
    Application.Undo
    MsgBox "登録した生年月日は変更できません"
    Application.EnableEvents = True
  End If

End Sub
```


❶ イベントプロシージャを指定する

イベントプロシージャ「Worksheet_Change」を指定します。これにより、シートが変更されたときにこのプロシージャが実行されます。コード中では引数Targetで変更されたセルが確認できます。

❷「フルネーム」列の編集時に警告する

「Target.Column = 4」「Target.Row >= 3」で、変更されたセルがシートの4列目、3行目以降の範囲を指定しています。別の列を監視したいならTarget.Columnの値を変更します。もし見出し行も変更されたくないなら、「End Sub」の前に次のセクションを追加します。

```
'見出し行編集禁止
If Target.Row = 2  Then
  Application.EnableEvents = False
  Application.Undo
  MsgBox "見出し行は変更できません"
  Application.EnableEvents = True
End If
```

「フルネーム」列の値に変更があったら、「Application.EnableEvents = False」にセットして「登録したフルネームは変更できません」というメッセージを表示します。Application.EnableEventsプロパティがTrueのままだと、次の「Application.Undo」で変更をキャンセルするときに、再びイベントが発生してしまい、無限ループに陥ります。それを避けるために、Application.EnableEventsプロパティをFalseに設定します。シートの変更を元に戻してメッセージを表示したあとは、Trueに設定しておかないと、今度はイベントが検出できなくなります。

❸「生年月日」列の編集時に警告する

「生年月日」列の値に変更があった場合も、「フルネーム」列と同様です。なお、余裕があれば、❷との共通処理を別のプロシージャに切り出すといいでしょう。

POINT

内容の書き換えができないようにしたセルの内容を更新するには、マクロを実行せずに同じブックを開いて編集します。Shiftを押しながらブックをダブルクリックすれば、マクロを起動せずに開けます。

ATTENTION

コードの修正時にループから抜ける条件を設定ミスすると、マクロが停止しなくなります。そんなときは、Ctrl＋Breakを押します。Alt＋Escを何度か押して、ウィンドウを切り替えてVBEがアクティブになれば、停止するケースもあります。それでも停止しない場合は、Excelを強制終了するしかありません。

条件に適合したデータのみ別のシートに書き出す

検索条件に一致したデータを別の場所に書き出すには、いろいろな方法があります。ピボットテーブルを使うのが一般的でしょうが、検索条件がいつも決まっているならマクロを使ったほうが楽でしょう。

検索結果のデータを別のシートに書き出す

指定した条件で表からデータを抽出し、別のシートにコピーしたいとき、どういう方法があるでしょうか。もっとも簡単で手っ取り早いのが、フィルターの機能を利用する方法でしょう。Excelの機能に詳しい人なら、ピボットテーブルを挙げるかもしれません。しかし、抽出したデータだけを別のシートにコピーしたいとき、どうしてもコピー&ペーストという作業から逃れられません。

その問題を解決するのが、ここで紹介するマクロです。やり方としては、AutoFilterメソッドで**フィルターしたデータをまとめて**Copyメソッドで**別のシートにコピーしたり、同じシートの空いている部分を指定してペーストすることが可能です**。しかも、この操作は、わずか数行の簡潔なコードで記述できます。

ここでは、血液型をキーにして検索し、一致するデータを同じブックの新しいシートに書き出すマクロを紹介します。また、応用として、書き出す場所を同じシート内の空いている場所を指定して書き出すマクロも挙げます。

血液型の検索結果を別のシートに書き出す

	A	B	C	D	E	F	G
1	氏名	血液型	生年月日	出身地		血液型 →	A
2	遠藤 悠子	A	1980/6/25	香川県			
3	田上 織枝	A	1981/9/29	富山県			
4	永田 政治	O	1981/6/4	福島県			
5	今野 恒之	AB	1986/10/18	京都府			
6	池田 満生	B	1971/9/11	静岡県			
7	永野 義武	O	1985/6/28	青森県			
8	熊谷 秀次	A	1974/4/21	茨城県			
9	米田 準一	O	1977/10/9	宮城県			
10	松原 由記彦	A	1991/1/1	栃木県			

❶ 検索文字列を入力

血液型の列にある文字列のうち、検索（フィルター）に使いたい文字列（ここでは「A」）を入力し（❶）、「CopyToAnotherSheet」マクロを実行する

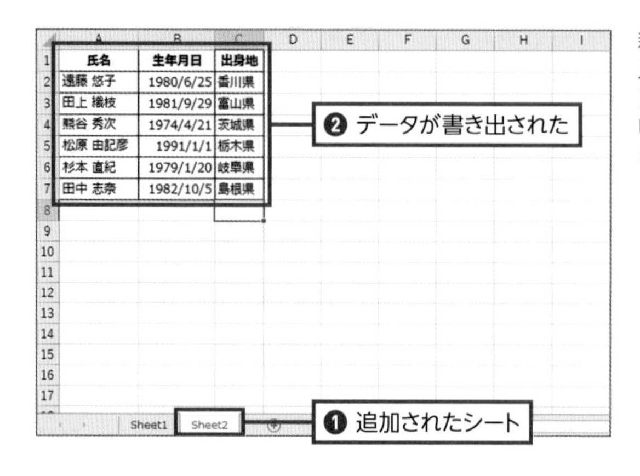

氏名	生年月日	出身地
遠藤 悠子	1980/6/25	香川県
田上 織枝	1981/9/29	富山県
熊谷 秀次	1974/4/21	茨城県
松原 由記彦	1991/1/1	栃木県
杉本 直紀	1979/1/20	岐阜県
田中 志奈	1982/10/5	島根県

新しいシートが追加され(❶)、入力された血液型の文字列「A」と一致したデータがコピーされ、表に書き出された(❷)

4-20-01.xlsm

```
Sub CopyToAnotherSheet()

    Dim shtNew As Worksheet    '追加する新しいシート

    '新規シートを最後に追加するように設定
    Set shtNew = Worksheets.Add(After:=Worksheets(Worksheets.Count))
    '入力した「血液型」を条件にフィルター
    Range("A1").AutoFilter Field:=2, Criteria1:=Range("G1").Value

    '条件に合ったデータのみを新規シートにコピー
    Range("B1").Columns.Hidden = True
    Range("A1").CurrentRegion.Copy shtNew.Range("A1")
    Range("B1").Columns.Hidden = False

    Range("A1").AutoFilter

End Sub
```

シートの追加先とフィルターの設定(❶)
検索結果のコピー(新規シート)(❷)
フィルターのクリア(❸)

❶ シートの追加先とフィルターを設定する

新規のシートを末尾(右端)に追加します。また、フィルターを設定して、セルG1に検索文字列として入力されたのと同じ血液型の人のデータのみ抽出します。入力する文字列は、小文字でも同じ結果になります。

❷ 抽出されたデータをコピーする

抽出したデータを、新しいシートにコピーします。その際、B列(血液型が入っている列)は非表示にしてコピーし、新しいシートに貼り付けています。コピーが終われば、非表示にした列を再度表示します。血液型の列も一緒にコピーしたいときは、Columns.Hiddenプロパティの行をコメントアウトします。

❸ フィルターをクリアする

フィルター設定をクリアして、設定されていない状態に戻します。

応用 検索結果のデータを同じシート内に書き出す

先に紹介したマクロでは検索結果を別のシートに書き出しましたが、今度は応用として、書き出す場所を同じシートの空いている場所に指定してみます。前のマクロでは、Copyメソッドで別のシートにコピーしていた記述を同じシートにペーストする指定に変更するだけです。

このマクロは、元の表にはフィルターを適用しないまま、一時的に検索結果を確認するのにも役立ちます。

血液型の検索結果をシート内に書き出す

	A	B	C	D
1	氏名	血液型	生年月日	出身地
2	遠藤 悠子	A	1980/6/25	香川県
3	田上 織枝	A	1981/9/29	富山県
4	永田 政治	O	1981/6/4	福島県
5	今野 恒之	AB	1986/10/18	京都府
6	池田 満生	B	1971/9/11	静岡県
7	永野 義武	O	1985/6/28	青森県
8	熊谷 秀次	A	1974/4/21	茨城県
9	米田 準一	O	1977/10/9	宮城県
10	松原 由記彦	A	1991/1/1	栃木県

F	G
血液型 →	O

❶ 検索文字列を入力

前出の例と同様に文字列（ここでは「O」）を入力し（❶）、「CopyToSameSheet」マクロを実行する

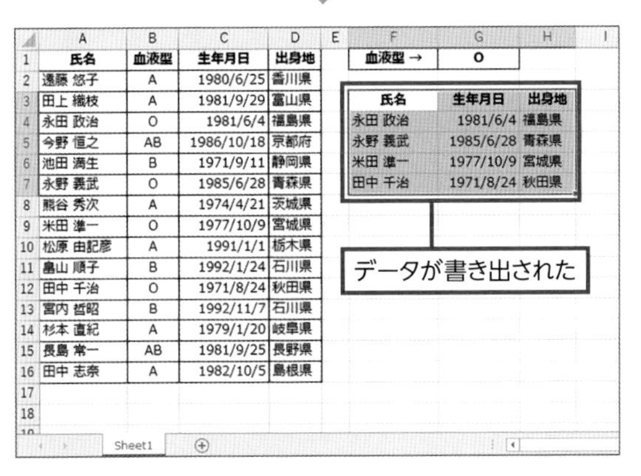

	A	B	C	D
1	氏名	血液型	生年月日	出身地
2	遠藤 悠子	A	1980/6/25	香川県
3	田上 織枝	A	1981/9/29	富山県
4	永田 政治	O	1981/6/4	福島県
5	今野 恒之	AB	1986/10/18	京都府
6	池田 満生	B	1971/9/11	静岡県
7	永野 義武	O	1985/6/28	青森県
8	熊谷 秀次	A	1974/4/21	茨城県
9	米田 準一	O	1977/10/9	宮城県
10	松原 由記彦	A	1991/1/1	栃木県
11	畠山 順子	B	1992/1/24	石川県
12	田中 千治	O	1971/8/24	秋田県
13	宮内 哲昭	B	1992/11/7	石川県
14	杉本 直紀	A	1979/1/20	岐阜県
15	長島 常一	AB	1981/9/25	長野県
16	田中 志奈	A	1982/10/5	島根県

F	G
血液型 →	O

氏名	生年月日	出身地
永田 政治	1981/6/4	福島県
永野 義武	1985/6/28	青森県
米田 準一	1977/10/9	宮城県
田中 千治	1971/8/24	秋田県

入力した血液型の文字列「O」と一致したデータがコピーされ、空欄だった指定位置にペーストできた

4-20-02.xlsm

```
Sub CopyToSameSheet()

    Range("A1").AutoFilter Field:=2, Criteria1:=Range("G1").Value

    Range("B1").Columns.Hidden = True
    Range("A1").CurrentRegion.Copy
    Range("F3").PasteSpecial Paste:=xlPasteValues
    Range("B1").Columns.Hidden = False

    Range("A1").AutoFilter

End Sub
```

フィルターの設定（❶）
検索結果のコピー（同じシート内）（❷）
フィルターのクリア（❸）

❶ フィルターを設定する

セルG1に検索文字列として入力された血液型を使って、フィルターを設定します。

❷ 検索されたデータをコピーする

血液型の文字列と一致したデータを、同じシートの空いている場所にコピーします。ここでは、セルF3以降にペーストしています。その際、血液型の列は省略します。

❸ フィルターをクリアする

フィルター設定をクリアして、設定されていない状態に戻します。

> **ATTENTION**
>
> Copyメソッドでペーストまで行うと、コードは短くなりますが、必ず書式も含めてペーストされます。ここでは、PasteSpecialメソッドに引数xlPasteValuesを組み合わせて、値だけをペーストしています。書式のみペーストしたいなら、引数をxlPasteFormatsにするなど、さまざまなペーストができます。

時短 15 分

使わないショートカットキーによく使うマクロを割り当てる

Excelのマクロにはショートカットキーを割り当てられますが、組み合わせは限られています。もっと柔軟に、覚えやすいキーの組み合わせにマクロのショートカットキーを割り当てるにはどうすればよいでしょうか。

Application.OnKeyでショートカットキーを上書き

頻繁に使うマクロでは、いちいちリボンからマクロのダイアログを呼び出して選択するのは面倒です。ショートカットキーで実行したいところですが、使えるショートカットキーは Ctrl ＋英字または Ctrl ＋ Shift ＋英字のみです。**ほかのショートカットキーと重なっている場合や、もっと覚えやすい組み合わせに変更したい場合は、上書きしてしまいましょう。**

マクロに記述したApplication.OnKeyメソッドの引数に「キー」と「マクロ」を指定して実行することで、キーを押したときにマクロ(実際にはプロシージャ)を呼び出して実行できるようになります。使える特殊キーは Ctrl Shift に加え、Alt も利用できます。また、組み合わせるキーは英字に限らず、Pause Scroll Lock などのキーも利用可能です。

また、標準でExcelに用意されているショートカットキーのうち、覚えやすい組み合わせなのに自分は使わないものがあれば、マクロに割り当ててしまうのもいいでしょう。さらに、ここで紹介するマクロを、ブックを開いたときに実行するイベントプロシージャの「Workbook_Open」と組み合わせれば、ブックを開いた直後から設定したショートカットキーが利用できます。

POINT

使いたいショートカットキーが増えてしまい、覚えきれなくなってきたら、付箋に書いてディスプレイに貼り付けるのもいいですが、プログラマブルキーボードの活用も検討してみましょう。複雑な動作をワンタッチで可能です。

Application.OnKeyメソッドの例

```
Sub CustomShortcutKey()

  Application.OnKey キー, マクロ  ―― ショートカットキーとマクロの割り当てを設定

End Sub
```

Application.OnKeyメソッドは、上のように記述します。

Application.OnKeyの引数は、「キー」に操作に割り当てたい文字やコード（特殊キーの場合）、「マクロ」に実行したいマクロ名を記述します。また、Application.OnOkeyは、複数行を記述し、いくつもまとめて設定することが可能です。

文字キー以外のキーとコードの対照表

キー（文字非表示）	コード	キー（文字非表示）	コード
Back space	{BACKSPACE}または{BS}	←	{LEFT}
Break	{BREAK}	Num Lock	{NUMLOCK}
Caps Lock	{CAPSLOCK}	Page Down	{PGDN}
Clear	{CLEAR}	Page Up	{PGUP}
Delete（または Del）	{DELETE}または{DEL}	Return	{RETURN}
↓	{DOWN}	→	{RIGHT}
End	{END}	Scroll Lock	{SCROLLLOCK}
Enter（テンキー）	{ENTER}	Tab	{TAB}
Enter	~（チルダ）	↑	{UP}
Esc	{ESCAPE}または{ESC}	F1 ～ F15	{F1}から{F15}
Help または F1	{HELP}または{F1}	Alt	%
⊞	{HOME}	Ctrl	^
Ins	{INSERT}		

4-21-01.xlsm

```
Sub Macro01()

  Range("A1").Value = "Macro01を実行しました"

End Sub
```

Macro01プロシージャ(❶)

```
Sub Macro02()

  Range("A2").Value = "Macro02を実行しました"

End Sub
```

Macro02プロシージャ(❷)

```
Sub Macro03()

  Range("A3").Value = "Macro03を実行しました"

End Sub
```

Macro03プロシージャ(❸)

```
Sub CustomShortcutKey()

    Application.OnKey "%c", "Macro01"
    Application.OnKey "+%{F1}", "Macro02"
    Application.OnKey "+^{INSERT}", "Macro03"
    Application.OnKey "+{F10}", ""

End Sub
```

ショートカットキーを設定(❹)

```
Sub DelCustomShortcutKey()

    Application.OnKey "%c"
    Application.OnKey "+%{F1}"
    Application.OnKey "+^{INSERT}"
    Application.OnKey "+{F10}"

End Sub
```

ショートカットキーを元に戻す(❺)

❶ Macro01プロシージャ

❷ Macro02プロシージャ

❸ Macro03プロシージャ

セルに文字列を入力するだけの簡単なマクロです。実際の利用時は、使いたいマクロを記述してください。

❹ ショートカットキーを設定する

Alt+Qに「Macro01」、Shift+Alt+F1に「Macro02」、Shift+Ctrl+Insに「Macro03」を割り当てます。それぞれのショートカットキーを押すと、対応するマクロが実行されます。また、Shift+F10はマクロ名を空にしたため、何も割り当てられないだけでなく、通常の機能(右クリックメニューを表示する)を失います。

❺ ショートカットキーを元に戻す

Application.OnKeyメソッドを引数なしで実行し、それぞれのショートカットキーを元に戻します。

■ 応用 ショートカットキーの設定を解除

ショートカットキーの設定は、上記のブックを閉じても有効です。そのため、うっかりショートカットキーを設定したことを忘れて別のブックを編集していると、意図しない動作が生じることがあります。これを避けるには、ショートカットキーはこのブックを開いたときに実行し、閉じる前に無効になるように設定すればいいでしょう。

なお、次に紹介するマクロは、ThisWorkbookモジュールに記述します。

> **⚠ ATTENTION**
>
> Application.OnKeyメソッドでは、Excelで有効なショートカットキーは上書きできますが、アクセスキーは上書きできません。そのため、アクセスキーであらかじめ使用されているAltと英字の組み合わせは、割り当ててもうまく動作しません。

4-21-02.xlsm

```
Sub Workbook_Open()                                  ショートカットキーを設定(❶)

  Application.OnKey "%c", "Macro01"
  Application.OnKey "+%{F1}", "Macro02"
  Application.OnKey "+^{INSERT}", "Macro03"
  Application.OnKey "+{F10}", ""

End Sub

Sub Workbook_BeforeClose(Cancel As Boolean)          ショートカットキーを
                                                     元に戻す(❷)
  Application.OnKey "%c"
  Application.OnKey "+%{F1}"
  Application.OnKey "+^{INSERT}"
  Application.OnKey "+{F10}"

End Sub
```

❶ ショートカットキーを設定する

4-21-01.xlsmで挙げた、ショートカットキーを割り当てるマクロです。Workbook_Openイベントに割り当てることで、ブックを開くたびに自動的に実行できます。

❷ ショートカットキーを元に戻す

4-21-01.xlsmで挙げた、ショートカットキーを元に戻すマクロです。Workbook_BeforeCloseイベントで、ブックを閉じる前にショートカットキーを元に戻すマクロを実行します。

Excelのデータを Excelで差し込み印刷を行う

差し込み印刷は非常に便利な機能ですが、印刷するアプリとしてExcelを選ぶと、「Excelは差し込み印刷に対応していない」という問題にあたってしまいます。どうしたらいいのでしょうか。

複雑な表に差し込み印刷したいときに

封筒に宛名を印刷するとき、Microsoft Officeを利用するなら、Excelに住所や宛名などのデータを入力し、それぞれをどこに配置するかはWordの文書に設定します。そして、Wordで差し込み印刷を行います。

しかし、面倒な表組みなどWordでは作成困難な文書への差し込み印刷を行うなら、ExcelのデータをExcelのブックに差し込み印刷を行ってみましょう。ただし、通常の機能としては、Excelは差し込み印刷に対応しておらず、マクロで行う必要があります。

ここでは、マクロとExcelのワークシート関数VLOOKUPを使った差し込み印刷のサンプルと、実際の応用へのヒントを示します。基本的な動作の仕組みがわかれば、自由自在に差し込み印刷の自動化が可能になるはずです。

血液型の検索結果をシート内に書き出す

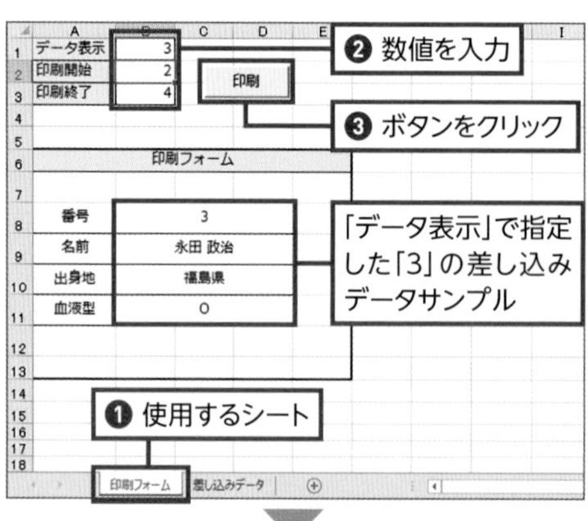

差し込み印刷を行う「印刷フォーム」シート（❶）。セルB9からセルB11にはVLOOKUP関数で差し込みデータがセットされる（本書サンプルデータ参照）。「データ表示」には印刷サンプルとして表示したいデータの番号、「印刷開始」には印刷を開始する番号、「印刷終了」には最後の番号を入力（❷）。「印刷」ボタンには「MergePrint」マクロが登録されており、クリックすると実行できる（❸）

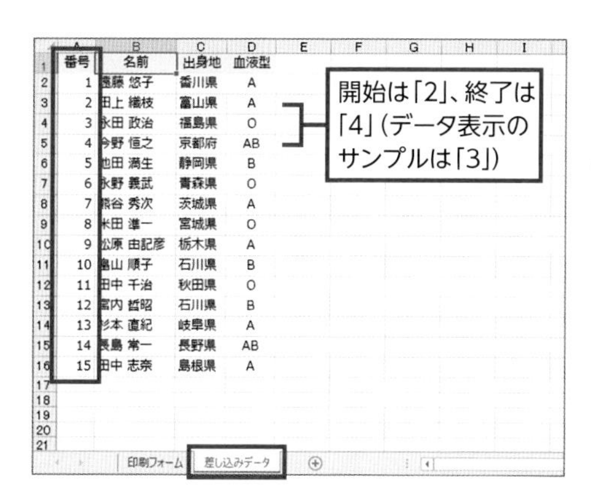

「差し込みデータ」シートに差し込み印刷に使うデータを保存しておく。「差し込みデータ」シートから、「印刷フォーム」シートで指定した番号のデータがVLOOKUP関数で「印刷フォーム」シートから参照される

4-22-01.xlsm

```
Sub MergePrint()

  '印刷開始番号をセルB1に保存
  Range("B1") = Range("B2")  ――― セルB1に開始番号を保存(❶)

  '印刷開始番号から終了番号まで繰り返し
  Do While Range("B1") <= Range("B3")

    '印刷/プレビュー(使わない一方はコメントアウト)
    'ActiveSheet.PrintOut  ――― 印刷(❷)
    ActiveSheet.PrintPreview  ――― 印刷プレビュー(❸)

    Range("B1") = Range("B1") + 1

  Loop

End Sub
```

サンプルファイルでは、このプロシージャを[印刷フォーム]シート上の[印刷]ボタンに割り当てています。なお、このコードではRangeオブジェクトのValueプロパティの記述を省略しています。たとえば「Range("B1")=Range("B2")」 は「Range("B1").Value=Range("B2").Value」と読み替えてください。

❶ セルB1に印刷開始番号を保存する

マクロ実行前は、セルB1の値は印刷サンプルを下に表示するために使うだけですが、実行時はセルB2に入力された印刷開始番号を保存しています。セルB1を使わずにマクロを記述することはできますが、似たような仕組みを考えておかないと、マクロ終了時に印刷開始番号が変わってしまいます。

❷ 指定された範囲のデータを印刷する

ここではコメントアウトしています。印刷したい場合は、行頭の「'」を削除してください。

❸ データの印刷プレビューを表示する

印刷プレビューを表示します。なお、上の行の「'」を削除するときは、この行をコメントアウトしてください。

差し込み印刷をビジネスレターに応用する

帳票に印刷する例を紹介しましたが、営業用のビジネスレターにも応用できます。データの形式はほとんど同じで、コードも同じものが使えるので説明は省略しますが、こういう形での応用がきくことを覚えておいてもいいでしょう。

	A	B	C	D	E	F	G	H	I	J
1	データ表示	6								
2	印刷開始	6	印刷							
3	印刷終了	6								
4										
5										
6	印刷フォーム									
7										
8							No.	6		
9	永野 義武	様								
10										
11	いつもお世話になっております。									
12	このレターは	青森県	ご出身で	血液型が	O	型の人にお送りしています。				
13										
14	今後ともよろしくお願い申し上げます。									
15										
16	○△株式会社　営業部　田中									
17										
18										

第 5 章

ほかのアプリやWindowsと連携して操作を高速化する

Excelのマクロは、Excelのシート上のデータを編集できるだけではありません。本来ならエクスプローラーを使うべきファイル操作も、マクロなら可能です。これはショートカットキーや関数にはない機能です。本章ではまず、ブックをバックアップしたり、あらかじめ入力した文字列からブックを作成したりなど、通常はExcelから実行できない操作を自動化するマクロを紹介しています。
また、Excel以外のMicrosoft Officeアプリにもマクロ機能は搭載されています。そして、それらは比較的簡単に連携することが可能です。つまり、ExcelからWordやOutlookなどのデータを操作できるのです。ここでは、Outlookと連携してメールを送信するマクロをいくつか紹介しています。
そのほか、Webサイトから必要な情報だけを抜き出すスクレイピングについても、ごく基本的なものを挙げてあります。大変便利な仕組みなので、どんなものかがわかったら、ぜひWebや他書で調べてみてください。

ファイルを開いたら自動的にバックアップを作成する

修正前のブックをバックアップしてから作業を始めれば、作業中にブックが壊れたなど万が一のときにも安心です。ここでは、うっかり忘れることなく確実に開始前のブックをバックアップできる自動実行マクロを紹介します。

バックアップの「うっかり忘れ」をなくす

ここまで紹介してきたマクロを実行するには、自分でボタンをクリックするなどマクロ実行の操作を行う必要があります。しかし、必ずそのブックを開いたときにマクロを実行しなければならないのに、いちいち忘れずにマクロを実行する必要があると、煩わしく感じてしまいそうです。

そこで、ここでは**ブックを開いたときに必ず実行されるマクロを作成し、そのブックのバックアップを保存してみます**。

なお、このマクロはブックを開いたときに生じるイベントを利用して実行するので、「ThisWorkbook」モジュールに記述します。

「backup」フォルダーとバックアップされたブック

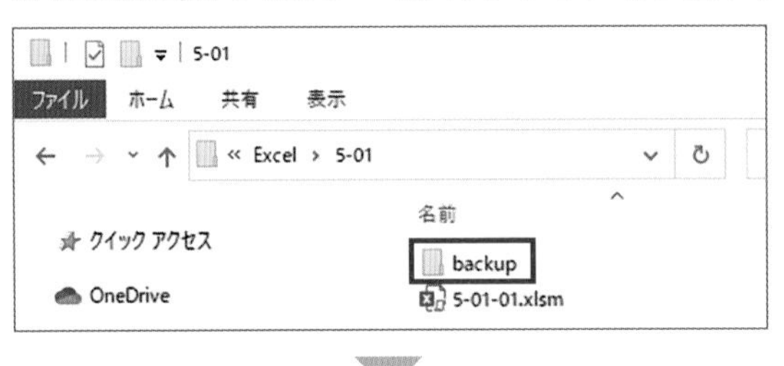

バックアップを取りたいブックと同じフォルダーに、あらかじめ「backup」という名前のフォルダーを作成しておく

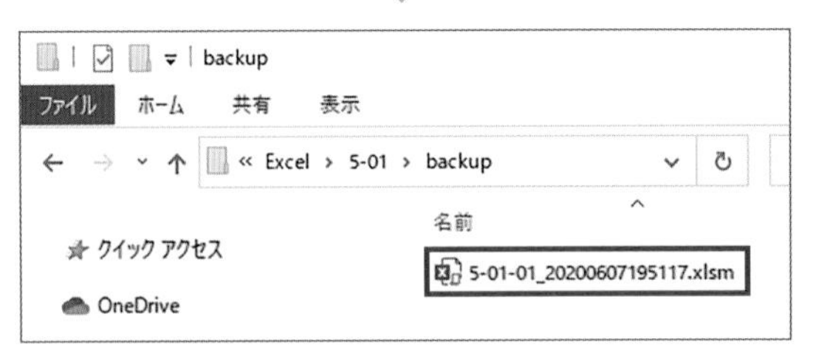

ブックを開いてから「backup」フォルダーを確認するとバックアップ用ファイルができていることがわかる。元のブック名の末尾に日時を追加しているので、上書きされず、元のブックを開くたびにバックアップ用ブックが追加されていく

5-01-01.xlsm

```
Sub Workbook_Open()
  Dim fileName As String  'ブックのファイル名
  Dim fileBody As String  'ブックのファイル名(拡張子以外)
  Dim fileExt As String  'ブックのファイル名(ピリオドを含む拡張子)
  Const BACK_FOLDER As String = "¥backup¥"

  'バックアップ用ブック名の生成
  fileName = ThisWorkbook.Name
  fileBody = Left(fileName, InStrRev(fileName, ".") - 1)
  fileExt = Mid(fileName, InStrRev(fileName, "."))
  fileName = fileBody & "_" & Format(Now, "yyyymmddhhnnss") & fileExt

  'バックアップ用ブックの保存
  ThisWorkbook.SaveCopyAs(ThisWorkbook.Path & BACK_FOLDER & fileName)

End Sub
```

バックアップ用フォルダー名を定数で用意(❶)

ブック名を拡張子以外と拡張子に分けて動作日時を間に差し込む

ブックが存在するフォルダーにあるバックアップ用フォルダーにコピーを保存(❷)

❶ あらかじめ「backup」フォルダーを作成しておく

5-01-01.xlsmのコードは、ブックと同じフォルダーに「backup」フォルダーが存在していることを前提にしています。「backup」フォルダーがない場合は、ブックを開いた際にエラーが表示されます。

❷ SaveCopyAsメソッドを利用する

保存するためのメソッドとしては、上書き保存するSaveや作業中のブックのパスを変更するSaveAsではなく、現時点でのブックをコピーするSaveCopyAsを使います。

「backup」フォルダーがない場合に表示されるエラーメッセージ

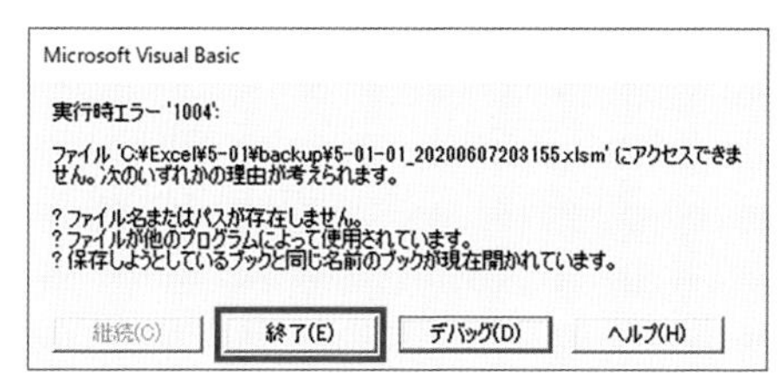

「backup」フォルダーが存在しない場合、保存しようとしたバックアップ用ブックにアクセスできないというメッセージが表示される。[終了]ボタンをクリックすればブックを開くことができるが、当然バックアップ用ブックは作成されない

応用1 「backup」フォルダーを自動生成する

5-01-01.xlsmのマクロでは、「backup」フォルダーを事前に作成しておかないと、ブックを開いたときにエラーが発生します。これを回避したいなら、「backup」フォルダーの存在をチェックし、なければ作成するというコードを追加します。

5-01-02.xlsm

```
Sub Workbook_Open()

  Dim fileName As String  'ブックのファイル名
  Dim fileBody As String  'ブックのファイル名(拡張子以外)
  Dim fileExt As String  'ブックのファイル名(ピリオドを含む拡張子)
  Const BACK_FOLDER As String = "¥backup¥"  'バックアップ用フォルダー名

  '「backup」フォルダーの存在確認
  If Dir(ThisWorkbook.Path & BACK_FOLDER, vbDirectory) = "" Then
    MkDir ThisWorkbook.Path & BACK_FOLDER
  End If

  'バックアップ用ブック名の生成
  fileName = ThisWorkbook.Name
  fileBody = Left(fileName, InStrRev(fileName, ".") - 1)
  fileExt = Mid(fileName, InStrRev(fileName, "."))
  fileName = fileBody & "_" & Format(Now, "yyyymmddhhnnss") & fileExt

  'バックアップ用ブックの保存
  ThisWorkbook.SaveCopyAs(ThisWorkbook.Path & BACK_FOLDER & fileName)

End Sub
```

「バックアップ用ブック名の生成」の前に追記

Dirで「backup」フォルダーの存在を確認(❶)

MkDirで「backup」フォルダーを作成

❶ Dir関数でフォルダーだけを検索する

Dir関数は、ファイル名やフォルダー名を取得します。引数は2つ取ることができ、1つ目はファイルまたはフォルダーのパスを指定し、2つ目は取得するファイルやフォルダーの種類を絞り込むことが可能です。ここでは、2つ目の引数に「vbDirectory」を指定して、フォルダーのみに絞り込んでいます。

もしこのマクロを実行したブックが「C:¥Users¥moriya¥Documents」フォルダーにあれば、「C:¥Users¥moriya¥Documents¥backup¥」フォ

ルダーを取り出そうとします。存在しなければ、新しく作成して次の処理を行います。

応用2 「backup」フォルダーがあるときにのみバックアップする

このマクロは修正作業を繰り返すときには便利ですが、配布する際には削除しておかないと、受け取った人がブックを開いた際にエラーが表示されたり「backup」フォルダーが作成されたり、トラブルになってしまいます。「backup」フォルダーが存在するときにのみ「backup」を行うようにマクロを改変しておけば、うっかり削除し忘れても迷惑をかけずに済みます。

5-01-03.xlsm

```
Sub Workbook_Open()

  Dim fileName As String   'ブックのファイル名
  Dim fileBody As String   'ブックのファイル名(名称部分)
  Dim fileExt As String    'ブックのファイル名(拡張子部分)
  Const BACK_FOLDER As String = "¥backup¥"

  '「backup」フォルダーがあればバックアップ用ブックを保存する
  If Dir(ThisWorkbook.Path & BACK_FOLDER, vbDirectory) <> "" Then

    'バックアップ用ブック名の生成
    fileName = ThisWorkbook.Name
    fileBody = Left(fileName, InStrRev(fileName, ".") - 1)
    fileExt = Mid(fileName, InStrRev(fileName, "."))
    fileName = fileBody & "_" & Format(Now, "yyyymmddhhnnss") & fileExt

    'バックアップ用ブックの保存
    ThisWorkbook.SaveCopyAs(ThisWorkbook.Path & BACK_FOLDER & 
      fileName)

  End If
End Sub
```

「<> ""」にすれば「フォルダーが存在すれば」という条件になる

1行

5-01-02.xlsmでは、「backup」フォルダーが存在しなければ作成して、そこにバックアップを保存するというロジックになっていました。5-01-03.xlsmでは、「backup」フォルダーが存在すれば、そこにバックアップを保存するロジックに変更し、存在しないときは処理を何も実行せずに終了します。

ブックを閉じるときにファイルサーバにコピーする

前節とは逆に、修正した結果を最後にバックアップしたい場合は、ブックを閉じるときに実行されるイベントを使います。ここでは、サーバの共有フォルダーにバックアップを保存する方法を紹介します。

サーバの共有フォルダーへのパスをマクロに記述する

前節では、ブックを開くときにバックアップを作成しました。ここでは、逆に**ブックを閉じる前にバックアップを作成するマクロを紹介します**。

保存先のパスは、「C:¥Users¥(ユーザー名)¥Documents¥Backup」などと記述しますが、サーバなどネットワークドライブに保存することも可能です。その場合は、UNC(Universal Naming Convention)形式と呼ばれる「¥¥(サーバ名)¥(フォルダー)」という形でパスを指定します。

なお、ここで紹介するマクロは、ブックを閉じるイベントを利用するので、ブックモジュールに記述します。

サーバのフォルダーのパスを取得する

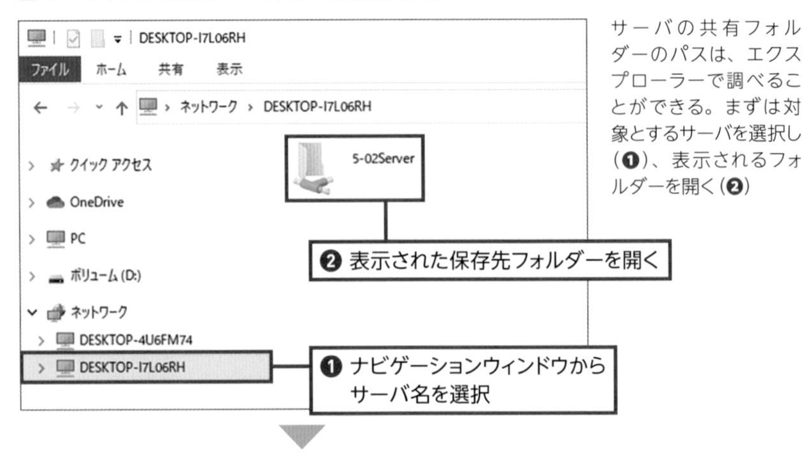

サーバの共有フォルダーのパスは、エクスプローラーで調べることができる。まずは対象とするサーバを選択し(❶)、表示されるフォルダーを開く(❷)

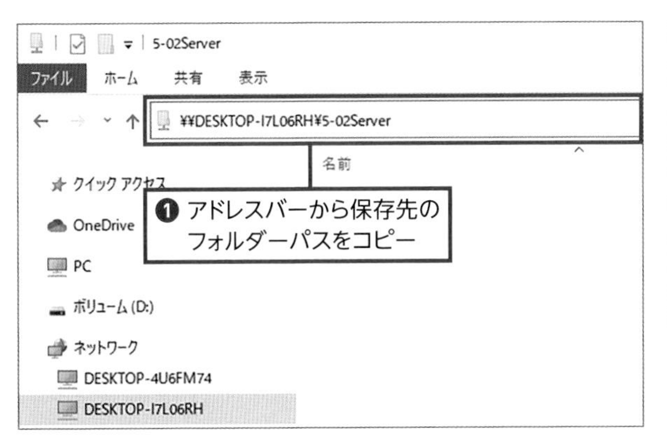

目的のフォルダーのフルパスを、エクスプローラーのアドレスバーからコピーして取得する。開いた直後は「ネットワーク > ～」と表示されているが、アドレスバーをクリックすれば「¥¥」から始まる具体的なフォルダーパスが表示される(❶)

5-02-01.xlsm

```
Sub Workbook_BeforeClose(Cancel As Boolean)

  Const SERVER_PATH As String = "¥¥DESKTOP-I7L06RH¥5-02Server¥"

  ThisWorkbook.SaveCopyAs(SERVER_PATH & ThisWorkbook.Name)

End Sub
```

エクスプローラーからコピーしたフォルダーのパスをペースト(❶)

❶ ペーストしたフォルダーのパスの末尾に「¥」を追加する

「SaveCopyAs」には、フォルダーパスとブック名を結合して保存先のフルパスとして指定します。フォルダーのパスを定数として記述する際には、その末尾にフォルダー名の区切りとしての「¥」を忘れずに追加しておきましょう。

応用1 修正したときに限ってバックアップを保存する

閲覧目的で開いただけであれば終了時のバックアップは不要ですし、ブックのサイズが大きいとバックアップコピーに時間がかかって逆に効率が悪くなります。WorkBookオブジェクトのSavedプロパティを利用すれば、修正があったときにのみバックアップを実行できます。

5-02-02.xlsm

```
Dim IsChanged As Boolean  '修正されたかを保持するフラグ

Sub Workbook_Open()

  'ブック起動時に修正状態を初期化
  IsChanged = False

End Sub

Sub Workbook_BeforeSave(ByVal SaveAsUI As Boolean, Cancel As Boolean)

  'ブックの保存直前に修正状態を取得
  If ThisWorkbook.Saved = False Then IsChanged = True

End Sub

Sub Workbook_BeforeClose(Cancel As Boolean)

  Const SERVER_PATH As String = "¥¥DESKTOP-I7L06RH¥5-02Server¥"

  If ThisWorkbook.Saved = False Then IsChanged = True

'ブックの終了直前にコピーを保存
  If IsChanged = True Then
    ThisWorkbook.SaveCopyAs(SERVER_PATH & ThisWorkbook.Name)
  End If

End Sub
```

プロシージャの外側でフラグ変数を宣言（❶）

ブックを開くときにフラグ変数を初期化

保存直前に修正状態を保持（❷）

ブックの終了直前にもう一度修正したかを取得（❸）

起動してから終了までに修正があればブックのコピーを保存する（❹）

❶ フラグ変数はプロシージャの外側で定義する

プロシージャ内で宣言された変数は、そのプロシージャの実行が終了すると消滅します。プロシージャが終了しても内容を保持したい変数は、プロシージャの外側で宣言します。

❷ Savedプロパティは未保存の修正があるかを示す

Savedプロパティは「保存されていない修正」があるときにFalse、「最後に保存されてから修正がない」ときにTrueとなります。「保存されていない修正」があれば、IsChangedにはTrueが入ります。

なお、修正があっても保存した時点でTrueになるため、ブックを開いてから終了するまでに修正されたかは、Savedプロパティだけでは判断できません。

❸❹ 修正されたかをフラグ変数で保持する

保存の直前にSavedプロパティを確認し、その値がFalse（未保存修正あり）なら専用のフラグ変数にTrue（修正あり）を入れるコードを追加します。これで、保存後にSavedプロパティがTrue（未保存修正なし）になっても、修正したことがフラグ変数に保持されます。

なお、❸ではIf節を1行で記述しています。Else以降が不要な場合、End Ifを省略することができ、コードが若干シンプルになります。処理のまとまりを表示しやすくなるため、コードが読みやすくなるというメリットもあります。慣れてきたら、試してみてもいいでしょう。

応用2 「backup」フォルダーがあるときにのみバックアップする

前節と同じように、「backup」フォルダーが存在するときにのみバックアップを行う機能を追加する場合、Dir関数はUNC形式に対応していないので使えません。拡張機能「Microsoft Scripting Runtime」でVBAの機能を拡張し、FolderExistsメソッドでネットワークフォルダーの存在を確認します。

Dirはネットワークフォルダーに未対応

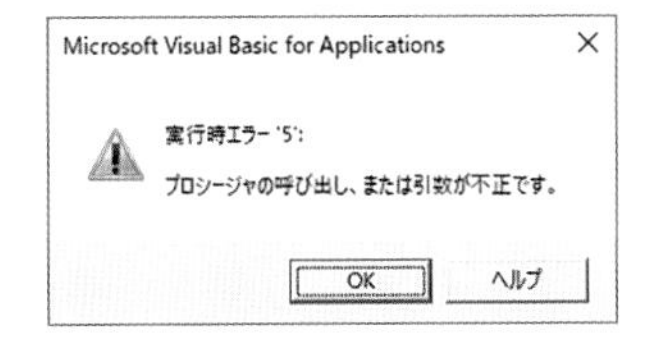

UNC形式のパスを指定すると、Dirはエラーになる

5-02-03.xlsm

```
Sub Workbook_BeforeClose(Cancel As Boolean)

  Dim fso As Scripting.FileSystemObject
  Const SERVER_PATH As String = "¥¥DESKTOP-I7L06RH¥5-02Server¥"
```

拡張機能を使うための変数を宣言（❶）

```
    If ThisWorkbook.Saved = False Then IsChanged = True

    If IsChanged = True Then
      Set fso = New Scripting.FileSystemObject
      If fso.FolderExists(SERVER_PATH) = True Then
        ThisWorkbook.SaveCopyAs(SERVER_PATH & ThisWorkbook.Name)
      End If
    End If

  End Sub
```

変数に拡張機能を割り当てて
FolderExistsメソッドを呼び出す(❷)

拡張機能を参照設定する

［参照設定］で使いたい拡張機能を追加します。追加された拡張機能は、元からあるVBAの機能と同じように使えます。今回は、ネットワークに対応したファイル関係の拡張機能［Microsoft Scripting Runtime］にチェックを付けます。

［参照設定］ダイアログで拡張機能を追加する

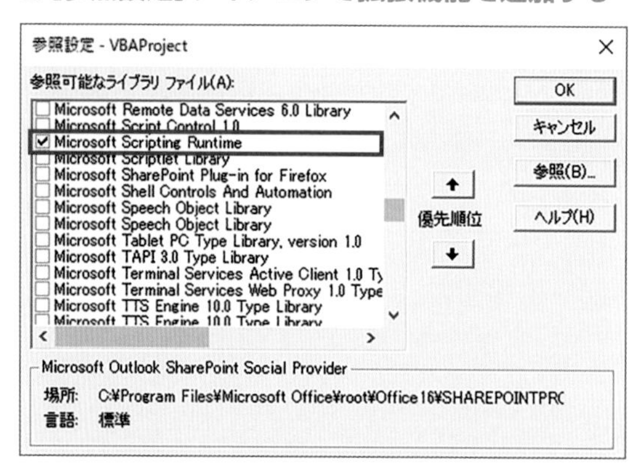

VBEで［ツール］メニュー→［参照設定］を選択して［参照設定］ダイアログを表示する。［参照可能なライブラリファイル］の中の［Microsoft Scripting Runtime］にチェックを付けて［OK］をクリックする

❶❷ 拡張機能は変数を介して使用する

拡張機能の多くは、機能をクラスとして提供しています。クラスを使う場合は、まずそのクラスを型とした変数を宣言し、「Set（変数名）= New（クラス名）」でそのクラスのオブジェクトを生成し、その変数に代入します。これで、この変数を介して拡張機能が提供するメソッドなどを使えるようになります。

時短40分

同じ中身で名前の異なるファイルをたくさん作りたい

たとえば「月次の作業報告書のひな型をスタッフ全員分作りたい」などのルーチンワークを毎回手作業で行うのは大変ですし、ヒューマンエラーが発生する可能性もあります。このような作業は、マクロを使えば確実に行えます。

連番を付けてファイルを複数コピーする

報告書のひな型が更新されたので部署全員に配りたいのだが、メールで配布すると、記入済みの報告書が元のファイル名のまま大量に返ってきて、しかも開いてみないと誰のファイルかがわからない……こんな事態を解決したいなら、**ひな型を複製する際にファイル名に連番を付けるマクロを使ってみましょう**。連番付きのファイルをそれぞれのメンバーに送付すれば、問題の大半は解決します。

まず、コピーに使うひな型ファイルと、コピーしたファイルを格納するフォルダーを用意します。あとは、コピーファイル名を変えながらFileCopyステートメントをForループで回して繰り返し実行するだけです。ひな型にできるファイルはExcelのブックだけではありません。ワープロファイルやPDFファイルなど、あらゆる種類のファイルを対象にできます。

用意するファイルとフォルダーおよび実行結果

名前	更新日時	種類	サイズ
5-03Result	2020/07/05 19:29	ファイル フォルダー	
5-03-01.xlsm	2020/07/05 22:55	Microsoft Excel ...	18 KB
月作業報告書(雛型).xlsx	2020/05/23 7:33	Microsoft Excel ...	7 KB

実行するブックと同じフォルダーにひな型ファイル「月作業報告書（雛型）.xlsx」を置き、「5-03Result」フォルダーを作成しておく

名前	更新日時	種類	サイズ
月作業報告書(1).xlsx	2020/05/23 7:33	Microsoft Excel ...	7 KB
月作業報告書(2).xlsx	2020/05/23 7:33	Microsoft Excel ...	7 KB
月作業報告書(3).xlsx	2020/05/23 7:33	Microsoft Excel ...	7 KB
月作業報告書(4).xlsx	2020/05/23 7:33	Microsoft Excel ...	7 KB
月作業報告書(5).xlsx	2020/05/23 7:33	Microsoft Excel ...	7 KB
月作業報告書(6).xlsx	2020/05/23 7:33	Microsoft Excel ...	7 KB
月作業報告書(7).xlsx	2020/05/23 7:33	Microsoft Excel ...	7 KB
月作業報告書(8).xlsx	2020/05/23 7:33	Microsoft Excel ...	7 KB
月作業報告書(9).xlsx	2020/05/23 7:33	Microsoft Excel ...	7 KB

マクロを実行すると、「5-03Result」フォルダーに連番の付いたファイルがまとめてコピーされる。なお、このマクロは、OneDriveと同期されているフォルダーでは動作しないことがある。詳しくはP.191のPOINTを参照のこと

5-03-01.xlsm

```
Sub CopyActivityReports1()

  Const ORG_FILENAME  As String = "¥月作業報告書(雛型).xlsx"
  Const RESULT_FOLDER As String = "¥5-03Result"

  Dim fileName As String  '保存ファイル名
  Dim idx As Long  'ファイル名の連番

  '連番を付けてファイルを連続コピー
  For idx = 1 To 9
    fileName = Replace(ORG_FILENAME, "雛型", CStr(idx))
    FileCopy ThisWorkbook.Path & ORG_FILENAME, _
      ThisWorkbook.Path & RESULT_FOLDER & fileName
  Next

End Sub
```

ひな型ファイルとコピー先フォルダーを定数で用意

ひな型ファイルの「雛型」を連番に置き換えてコピーファイル名とする

ひな型ファイルのフルパスを指定

応用 リストから取得した文字列をファイル名に付ける

コピーしたファイルをスタッフに配布する場合などは、コピーファイル名を連番ではなく、スタッフの名前を付けておいたほうが便利です。スタッフの一覧表から氏名を読み出してファイル名に組み込めば、内容を記入後にそのまま戻ってきても誰のファイルかわかります。

スタッフの一覧表を用意して、ファイル名に反映させる

	A	B	C	D	E	F	G	
1								
2		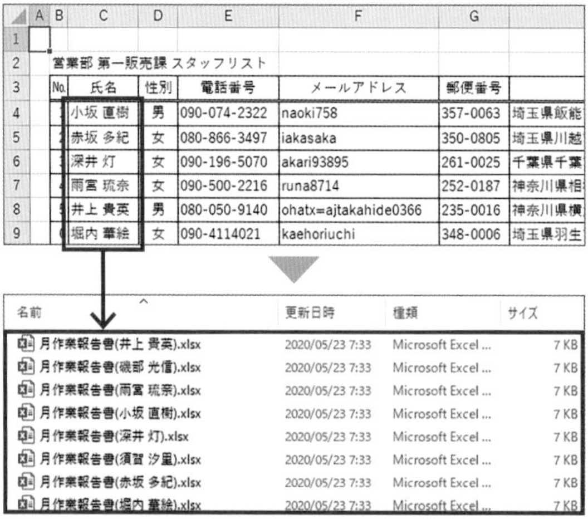 営業部 第一販売課 スタッフリスト						
3		No.	氏名	性別	電話番号	メールアドレス	郵便番号	
4		1	小坂 直樹	男	090-074-2322	naoki758	357-0063	埼玉県飯能
5		2	赤坂 多紀	女	080-866-3497	iakasaka	350-0805	埼玉県川越
6		3	深井 灯	女	090-196-5070	akari93895	261-0025	千葉県千葉
7		4	雨宮 琉奈	女	090-500-2216	runa8714	252-0187	神奈川県相
8		5	井上 貴英	男	080-050-9140	ohatx=ajtakahide0366	235-0016	神奈川県横
9		6	堀内 華絵	女	090-4114021	kaehoriuchi	348-0006	埼玉県羽生

スタッフの一覧表からスタッフの氏名を読み出して、コピーするファイル名に反映させる

名前	更新日時	種類	サイズ
月作業報告書(井上 貴英).xlsx	2020/05/23 7:33	Microsoft Excel ...	7 KB
月作業報告書(磯部 光信).xlsx	2020/05/23 7:33	Microsoft Excel ...	7 KB
月作業報告書(雨宮 琉奈).xlsx	2020/05/23 7:33	Microsoft Excel ...	7 KB
月作業報告書(小坂 直樹).xlsx	2020/05/23 7:33	Microsoft Excel ...	7 KB
月作業報告書(深井 灯).xlsx	2020/05/23 7:33	Microsoft Excel ...	7 KB
月作業報告書(須賀 汐里).xlsx	2020/05/23 7:33	Microsoft Excel ...	7 KB
月作業報告書(赤坂 多紀).xlsx	2020/05/23 7:33	Microsoft Excel ...	7 KB
月作業報告書(堀内 華絵).xlsx	2020/05/23 7:33	Microsoft Excel ...	7 KB

リネームせず、すぐに配布できる状態でファイルがコピーされる

5-03-02.xlsm

```
Sub CopyActivityReports2()

  Const ORG_FILENAME  As String = "¥月作業報告書(雛型).xlsx"
  Const RESULT_FOLDER As String = "¥5-03Result"

  Dim fileName As String  '保存ファイル名
  Dim row As Long
  row = 4

  'スタッフ名を付けてファイルを連続コピー
  Do While Me.Cells(row, 3).Value <> ""
    fileName = Replace(ORG_FILENAME, "雛型", Me.Cells(row, 3).Value)
    FileCopy ThisWorkbook.Path & ORG_FILENAME, _
      ThisWorkbook.Path & RESULT_FOLDER & fileName
    row = row + 1
  Loop

End Sub
```

- row = 4：読み出す行を指定する変数を宣言して初期値を4行目とする
- Do While Me.Cells(row, 3).Value <> ""：氏名列（C列）row行目が未入力になるまで繰り返す
- fileName = Replace(...)：ひな型ファイルの「雛型」を氏名に置き換えてコピーファイル名とする
- row = row + 1：読み出す行を1つ下にする

このコードはシートモジュールに記述する

コードをスタッフの一覧表のあるシートモジュールに記述すると、セルの参照を「Me.Cells」と簡単に記述できます（次節以降も同じです）。標準モジュールなどほかのコードウィンドウに記述する場合は、「Worksheets("sheet1").Cells」などと記述する必要があります。

POINT

本節のように、ファイルやフォルダーのパスを取得して処理するマクロでは、「OneDrive」フォルダーに保存したファイルではうまく動作しないことがあります。試しにパスを取得してみるとわかりますが、「https://d.docs.live.net」から始まるURLがパスになります。Cドライブ直下に作ったフォルダーなどで実行しましょう。

ATTENTION

本章では、コードや説明をなるべく簡潔にできるよう、コードを起動する機能は用意していません。VBEで起動したいプロシージャの内側にテキストカーソルを置き、F5キーを押すか、ツールバーの▶をクリックすることでコードを起動できます。

時短60分

Amazonの商品ページから必要な情報だけを簡単に抜き出す

VBAには、Internet Explorer（以下、IE）を操作するための拡張機能が用意されています。これを利用すれば、Amazonの商品ページから書籍名や著者、価格などの情報を取得して一覧表を作成できます。

URLから書籍情報の表を作成する

Webページからデータを読み込んで、加工して利用する技術のことを「スクレイピング」といいます。ここでは、簡単なスクレイピングを使ったマクロを紹介します。スクレイピングをうまく活用すれば、手作業でWebページからコピー&ペーストで情報を得るよりも、ずっと高速に作業が進められます。

ここでは、IEで開いたAmazon.co.jpの書籍情報の複数ページから、まとめて書籍情報を抽出します。なお、本書ではブラウザにIEを利用しています。EdgeやChromeでも可能ですが、IEよりもかなり手順が長くなり、難易度が大幅に上がってしまいます。

表示しているIEのタブから書籍情報をまとめて取得する

あらかじめIEで調べたい書籍のページを表示させておく。書籍ページ以外のタブが混在していてもかまわない。（上図ではGoogleのページを混ぜ込んである）

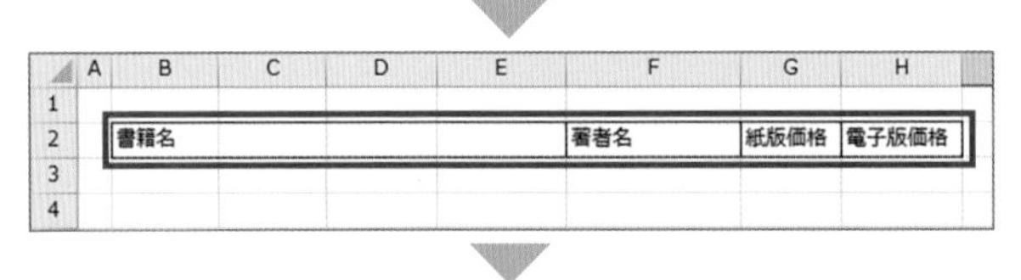

	A	B	C	D	E	F	G	H
1								
2		書籍名				著者名	紙版価格	電子版価格
3								
4								

シートには見出しだけを用意しておく。URLを事前に用意しておく必要はない

	A	B	C	D	E	F	G	H
1								
2		書籍名				著者名	紙版価格	電子版価格
3		今すぐ使えるかんたんEx Excel プロ技BESTセレ				井上 香緒里	¥1,518	¥1,518
4		パーフェクト Excel VBA				高橋 宣成	¥3,608	¥3,428
5		留学生のためのかんたんWord/Excel/PowerPoir				棕村 麻里子, 松下	¥2,178	¥2,069
6		Pythonでかなえる Excel作業効率化				北野 勝久, 高橋 宣	¥2,508	

マクロを実行すると、書籍情報が一気に格納される

5-04-01.xlsm

```
Sub GetProductData()

  Dim htmlDoc As MSHTML.HTMLDocument      'Webページドキュメント格納用
  Dim row As Long                         'シートの行番号
  Dim strWk As String                     '文字列加工用
  Dim strWks() As String                  '文字列加工用(配列:多重ループ外側用)
  Dim strWks2() As String                 '文字列加工用(配列:多重ループ内側用)
  Dim Authers() As String                 '著者名格納用(配列)
  Dim authCnt As Long                     '著者人数カウンター
  Dim idx As Long                         '文字列加工ループ用1
  Dim idx2 As Long                        '文字列加工ループ用2
  Dim idx3 As Long                        '文字列加工ループ用3
  Dim shlObj As Shell32.Shell             'シェルオブジェクト格納用
  Dim wdwObj As Object                    'ウィンドウオブジェクト格納用

  Set shlObj = New Shell32.Shell ───── シェルに接続(❶)

  'URLから書籍情報を取得
  row = 3                          取得したシェルからIEのタブかを1つずつチェック(❷)
  For Each wdwObj In shlObj.Windows
    If wdwObj.Name = "Internet Explorer" And wdwObj.LocationName
    ↳ <> "" Then                                                      1行
      'Webページの読み込み
      Set htmlDoc = wdwObj.document
                                          Amazonの書籍ページ以外なら
      On Error Resume Next ─────────── ❺までの処理を省略(❸)
      '書籍情報の読み出し
      'タイトル                           Amazonの書籍ページかどうかを判定(❹)
      Me.Cells(row, 2).Value = Trim(htmlDoc. getElementById         1行
      ↳ ("productTitle").innerText)
      If Err.Number = 0 Then
        '著者
        strWks = Split(Trim(htmlDoc.getElementById("bylineInfo")        1行
        ↳ .innerText), vbCrLf)
        If Err.Number = 0 Then
          authCnt = -1: ReDim Authers(0)
          For idx = 0 To UBound(strWks)
            If InStr(strWks(idx), "(著)") > 0 Then
              strWks2 = Split(strWks(idx), ",")
              For idx2 = 0 To UBound(strWks2)
                If InStr(strWks2(idx2), "(著)") > 0 Then
                  strWk = Trim(Left(strWks2(idx2), InStr(strWks2            1行
                  ↳ (idx2), "(著)") - 1))
                  For idx3 = 0 To authCnt
                    If Authers(idx3) = strWk Then strWk = ""
                  Next
```

```
                If strWk <> "" Then
                  authCnt = authCnt + 1: ReDim Preserve Authers(authCnt)
                  Authers(authCnt) = strWk
                End If
              End If
            Next
          End If
        Next
        If authCnt >= 0 Then Me.Cells(row, 6).Value = ⏎ 1行
        Join(Authers, ", ")
        '価格
        strWks = Split(Trim(htmlDoc.getElementById ⏎ 1行
        ("tmmSwatches").innerText), vbCrLf)
        If Err.Number = 0 Then
          For idx = 0 To UBound(strWks)
            If InStr(strWks(idx), "単行本") > 0 Then
              Me.Cells(row, 7).Value = Trim(Replace(strWks(idx + 1), ⏎
              "¥", "")) 1行
            ElseIf InStr(strWks(idx), "電子書籍") > 0 Then
              Me.Cells(row, 8).Value = Trim(Replace(strWks(idx + 1), ⏎
              "¥", "")) 1行
            End If
          Next
          row = row + 1
        End If
      End If
    End If

    On Error GoTo 0 ―― Amazonの書籍ページ以外なら❸からここまでの処理を省略(❺)

    '取得したページを開放
    Set htmlDoc = Nothing
  End If
Next

End Sub
```

シェルを制御する拡張機能を参照設定で追加する

シェル(WindowsではエクスプローラーとIE)を制御するための拡張機能「Microsoft Shell Controls And Automation」を参照設定で追加すれば、IEのすべてのタブにアクセスできるようになります。

[参照設定] ダイアログでシェル用の拡張機能を追加する

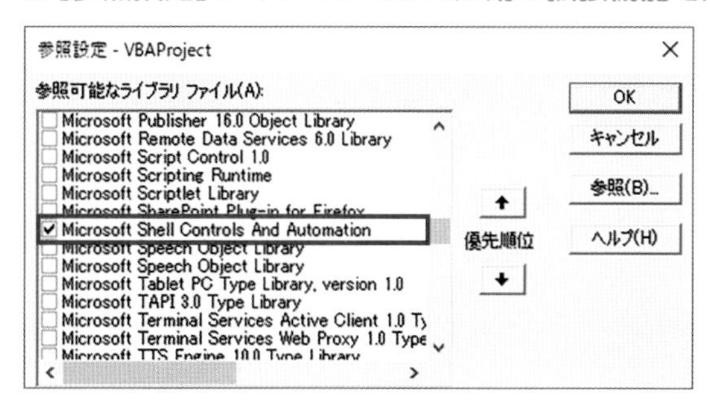

VBEで[ツール]メニュー→[参照設定]で[参照設定]ダイアログを表示。[参照可能なライブラリファイル]の中の[Microsoft Shell Controls And Automation]にチェックを付けて[OK]をクリック

❶❷ 取得したシェルを1つずつチェックする

「New Shell32.Shell」でセットされた変数には、Windowsプロパティ(コレクション)にIEのすべてのタブとすべてのエクスプローラーが含まれます。For Eachを使ってループさせれば、含まれているタブとエクスプローラーすべてに順番にアクセス可能です。documentプロパティの型が「HTMLDocument」であればIEのタブ、それ以外であればエクスプローラーだと判定できます。なお、IEはすべてのタブがまとまって1つのウィンドウのように見えますが、内部的にはそれぞれ独立して動作します。

❸❹❺ 「On Error」でIdの有無を判定する

少々乱暴ですが、ここではId「productTitle」が存在していれば、Amazonの書籍ページであると判定しています。Id「productTitle」が存在していないWebページに対してgetElementByIdメソッドを実行するとエラーになります。エラーの可能性があるコードの前後を「On Error Resume Next」と「On Error GoTo 0」で囲むと、その内側のコードでエラーが発生してもエラーダイアログは表示されず、マクロの実行も止まりません。

エラー情報Errオブジェクトにはエラーの状態が保持されますので、getElementByIdメソッドの直後で「Err.Number」(エラーがなければ0)をチェックすればエラーがあったかどうかがわかります。エラーがあればAmazonの書籍ページ以外と判定して次のシェルの処理へと移り、エラーがなければ書籍ページだと判定して著者名などを取得します。

5 / 05

時短 30 分

ブックに入力された住所から地図を表示する

Excelで顧客や連絡先のリストを作ったとき、郵便番号や住所からマップを表示できると便利です。Google Maps APIを使った高度な表示制御も可能ですが、ここでは簡単にマップを表示する方法を紹介します。

住所やランドマーク名から地図を表示する

郵便番号や住所、有名な建物や観光地などのキーワードを埋め込んだURLを作成すれば、ブラウザでGoogle Mapを表示させることが可能です。ただし、日本語をそのまま埋め込むと、マクロからIEへ渡した際に文字化けしてしまいます。これを避けるため、一度「URLエンコード」と呼ばれる方法でキーワードを変換します。

キーワードからGoogle Mapを表示する

	A	B	C
1			
2		住所・ランドマーク	札幌駅
3			
4			
5			
6			
7			
8			
9			

表示させたい地名などのキーワードを、あらかじめシートに用意しておく。

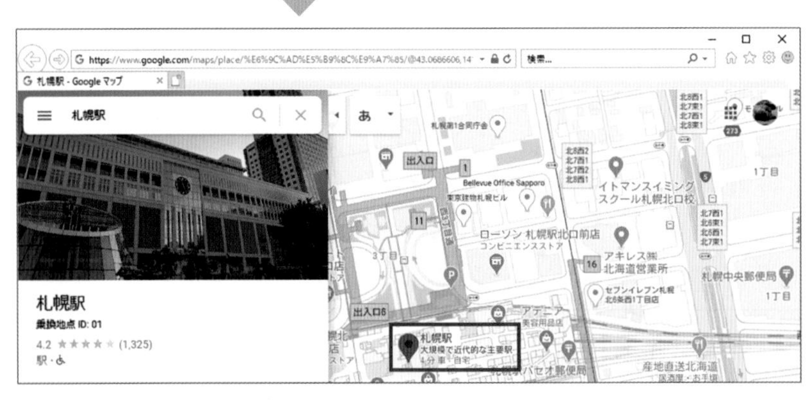

キーワードを元にGoogleマップが表示される

[参照設定] ダイアログでIE用の拡張機能を追加しておく

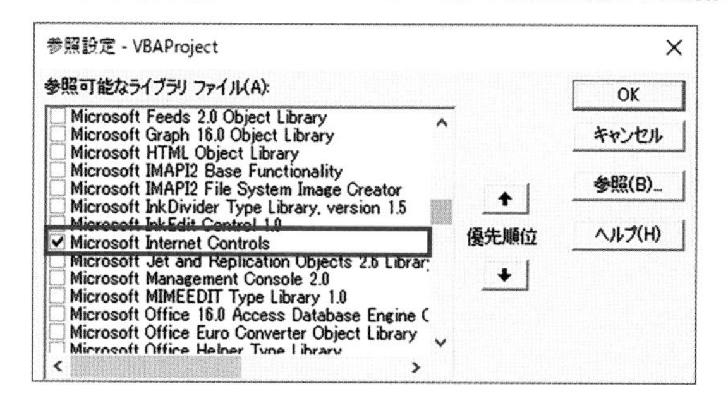

「Microsoft Internet Controls」にチェックを付けて[OK]をクリック

5-05-01.xlsm

```
Sub DispMap()

  Const MAP_URL = "https://www.google.com/maps/search/?api=1&query="

  Dim urlAdrs As String                    'URLエンコードされた住所
  Dim mapURL As String                     'Google Map URL
  Dim ieObj As SHDocVw.InternetExplorer    'IE

  '住所をURLエンコードしてURLを生成
  urlAdrs = Application.WorksheetFunction.EncodeURL(Me.Range("C2").
  →Value)
  mapURL = MAP_URL & urlAdrs

  'IEでGoogle Mapを表示
  Set ieObj = New SHDocVw.InternetExplorer
  ieObj.Visible = True
  ieObj.navigate(mapURL)
  Set ieObj = Nothing

End Sub
```

Google Mapの検索用URL

1行

キーワードをURLエンコードしてURLに埋め込む(❶)

❶ キーワードはURLエンコードしてからURLへ埋め込む

「URLエンコード」とは、日本語をインターネットで確実に送受信できる形式に変換する方法の1つです。「%E6」のように「%」を頭に付けた3文字単位で変換されるのが特徴で、「パーセントエンコーディング」とも呼ばれます。ExcelのVBAには「WorksheetFunction.EncodeURL」というURLエンコードをするためのメソッドが標準で用意されていますので、これを利用することで簡単に変換が行えます。

5／06

マクロを使ってOutlookで定型文を送信する

Excelのマクロを利用すれば、Outlookを使ってメールを送信することができます。「Excelでメールを送信する」と聞くと不思議に思うかもしれませんが、便利さを知れば手放せなくなるでしょう。

ExcelからOutlookを制御する

業務用のメールアプリとしてOutlookを利用している場合、BCCを使わずに多くの人に送信したいとき、手作業になってしまいます。件名と本文がまったく同じでよければ、ひな形を使って宛先のみ入力すればいいわけですが、それにしても大変な手間がかかってしまいます。

そこで、**Excelに宛先、件名、本文を入力しておき、それらを入力した新規メール画面を作成するマクロを考えてみましょう**。Excel上で件名や本文を変更すれば、まったく異なる文面を多くの人に一括送信する簡易的なメールシステムができあがります。

まずは手始めに、ExcelのシートからOutlookの新規メール作成画面に必要な情報を渡すマクロを紹介します。

なお、ここで紹介するマクロはシートモジュールに記述します。

Excelのデータを元に新規メール画面を作成する

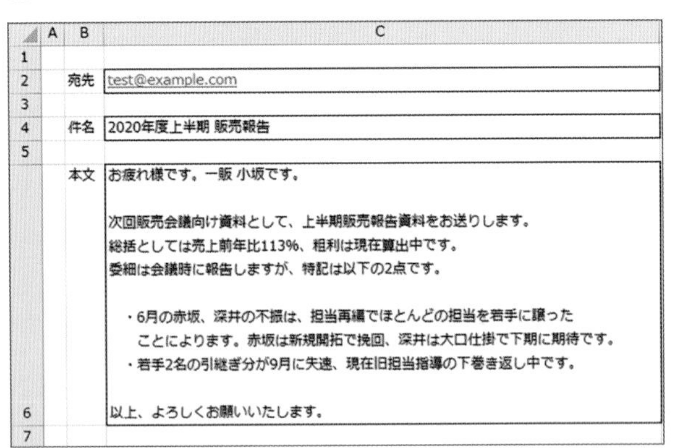

あらかじめExcelのシートに「宛先」「件名」「本文」の枠を作り、必要な情報を入力しておく

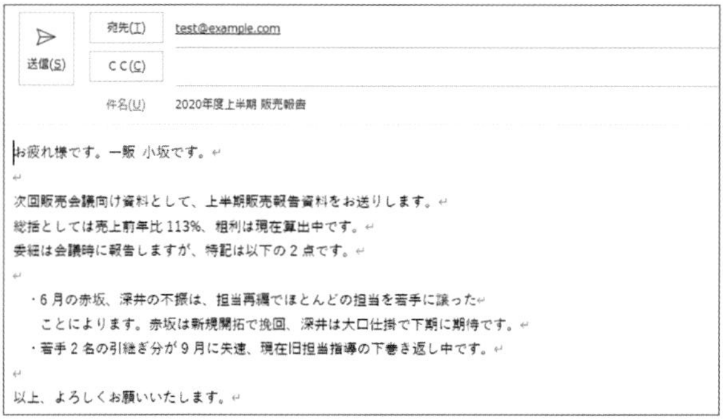

送信(S)　宛先(T)　test@example.com
CC(C)
件名(U)　2020年度上半期 販売報告

お疲れ様です。一販 小坂です。

次回販売会議向け資料として、上半期販売報告資料をお送りします。
総括としては売上前年比 113%、粗利は現在算出中です。
委細は会議時に報告しますが、特記は以下の2点です。

・6月の赤坂、深井の不振は、担当再編でほとんどの担当を若手に譲った
　ことによります。赤坂は新規開拓で挽回、深井は大口仕掛で下期に期待です。
・若手2名の引継ぎ分が9月に失速、現在旧担当指導の下巻き返し中です。

以上、よろしくお願いいたします。

マクロを実行すると、Excelに入力しておいた情報が埋め込まれた新規メール画面が表示される

5-06-01.xlsm

```
Sub CreateMail1()

  Dim olApp As Outlook.Application  'Outlookオブジェクト格納用
  Dim olMail As Outlook.MailItem    'メールアイテム格納用

  'Outlookに新しいメールアイテムを作成
  Set olApp = New Outlook.Application
  Set olMail = olApp.CreateItem(olMailItem)

  'メールの内容を記述
  olMail.To = Me.Range("C2").Value
  olMail.Subject = Me.Range("C4").Value
  olMail.BodyFormat = olFormatPlain
  olMail.Body = Me.Range("C6").Value

  '作成したメールを表示
  olMail.Display

  Set olMail = Nothing
  Set olApp = Nothing

End Sub
```

- 起動したOutlookを変数に取り込む（Set olApp = New Outlook.Application）
- 起動したOutlookにメールを追加作成（❶）（Set olMail = olApp.CreateItem(olMailItem)）
- 宛先、件名、本文をメールに埋め込む（❷）
- 作成したメールを表示（olMail.Display）

◢[参照設定]ダイアログでOutlook用の拡張機能を追加しておく

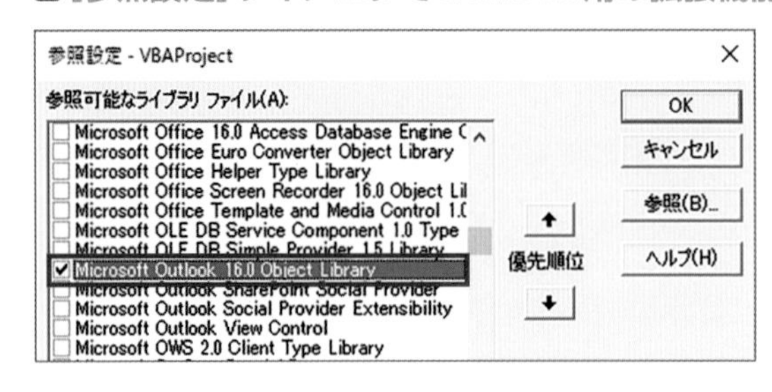

VBEで[ツール]メニュー→[参照設定]を選択して[参照設定]ダイアログを表示する。[参照可能なライブラリファイル]の中　の[Microsoft Outlook XX.X Object Library](XX.Xはバージョン番号)にチェックを付けて[OK]をクリック

❶ CreateItemで新規メールを作成する

Outlookはメールのほか、連絡先や予定、タスクなどを登録することも可能です。これらの登録情報を「アイテム」と呼びます。Outlookでメールを新しく作ることは、「メールアイテムを新規作成する」という方法をとります。CreateItemメソッドは「アイテムを新規作成する」機能を持ち、どの種類のアイテムを作成するかは引数で指定します。メールを作成する場合の引数は「olMailItem」です。

❷ メールの各項目にデータを格納する

作成したメールアイテムを変数に受け、その変数にある各項目用のプロパティに対してExcelで用意したデータを格納します。ここでは、To(宛先)、Subject(件名)、Body(本文)の各プロパティを使って、セルC2からToプロパティに、セルC4からSubjectプロパティに、セルC6からBodyプロパティに値を代入しています。

なお、Outlookのメールは、フォントや文字色が自由に指定できるHTML形式がデフォルトです。ここではテキスト形式のメールにするため、BodyFormatプロパティにolFormatPlain(テキスト形式)を設定しています。

◢ 応用 「連絡先」から宛先を選択する

Excelのシートにメールアドレスを入力すると、どうしてもミスの可能性が残ります。Outlookの「連絡先」に登録してあるアドレスなら、そちらから引用するほうが簡単で確実です。Outlookの制御例として、ここでは[名前の選択]ダイアログの表示と、選択したメールアドレスの取得方法を紹介します。

5-06-02.xlsm

```
Sub SelectAddress()

  Dim olApp As Outlook.Application      'Outlookオブジェクト格納用
  Dim olNSpc As Outlook.Namespace       'Outlookのメール用機能部格納用
  Dim olAddList As Outlook.AddressList  'アドレスリスト格納用
  Dim olAddDialog As SelectNamesDialog  '「名前の選択: 連絡先」ダイアログ格納用
  Dim Address() As String     'メールアドレス格納用(配列)
  Dim idx As Long             'ループ用カウンター
  Dim cnt As Long             'メールアドレス数カウンター

  '「名前の選択: 連絡先」ダイアログの生成
  Set olApp = New Outlook.Application
  Set olNSpc = olApp.GetNamespace("MAPI")
  olNSpc.Logon("OUTLOOK", , False)
  Set olAddDialog = olApp.Session.GetSelectNamesDialog

  'ダイアログの呼び出し → 選択アドレスの取得と表示
  If olAddDialog.Display = True Then
    cnt = 0
    For idx = 1 To olAddDialog.Recipients.Count
      If olAddDialog.Recipients(idx).Type = OlMailRecipientType.
      olTo Then
        cnt = cnt + 1
        ReDim Address(1 To cnt)
        Address(cnt) = olAddDialog.Recipients(idx).Address
      End If
    Next
    Me.Range("C2").Value = Join(Address, "; ")
  End If

  olNSpc.Logoff
  Set olAddDialog = Nothing
  Set olNSpc = Nothing
  Set olAddList = Nothing
  olApp.Quit: Set olApp = Nothing

End Sub
```

Outlookの連絡先に接続(❶)

[名前の選択]ダイアログ用変数を用意

Displayメソッドでダイアログを表示(❷)

「宛先」欄に指定された連絡先かを判定(❸)

連絡先からメールアドレスを取り出す(❹)

1行

❶ 連絡先へのアクセスにはログオンが必要

Outlookの連絡先を利用するにはログオンが必要です。個人で使っていて、登録アカウントが1つの場合は、「OUTLOOK」(デフォルトアカウントのOutlook連絡先)でかまいません。[プロファイルの選択]ダイアログを表示させないためには、3つ目の引数にFalseを指定します。

❷ [名前の選択]ダイアログの表示結果はTrue/Falseで返される

[Display]メソッドは[名前の選択]ダイアログを表示し、[OK]ボタン、[キャンセル]ボタンのどちらでダイアログを終了させたかを返します。「False」が返ってきたときは[キャンセル]ボタンをクリックしているので、メールアドレスを取得せずにそのまま終了させましょう。

選択した連絡先は「Recipients」配列に格納される

選択した連絡先はDisplayメソッドの戻り値ではなく、「名前の選択」ダイアログ変数のRecipientsプロパティに格納されます。Recipientsプロパティは1から始まる配列になっており、たとえば、3件の連絡先を選択していた場合はRecipients(1)~(3)がそれぞれの連絡先の情報となっています。

❸ 「宛先」「CC」「BCC」で振り分ける

Recipientsプロパティには、「宛先」「CC」「BCC」で指定したすべての連絡先が格納されます。どの欄に格納された情報かは、Recipientsプロパティの中のTypeプロパティで判別します。「宛先」であれば「OlMailRecipientType.olTo」、「CC」「BCC」であればそれぞれ「olCC」と「olBCC」が格納されています。

❹ メールアドレスはAddressプロパティから参照する

Recipientsプロパティには、連絡先として登録してあるすべての情報が格納されます。メールアドレスを取得するには、Recipientsプロパティの中のAddressプロパティを参照します。

用意したメールアドレスに同じ文面を送信する

Excelのシートに送信したいメールアドレスのリストを用意すれば、それぞれのアドレスに対してのメールを一括で作成することが可能です。宛先に送信先を列挙したくないときやBCCではマズいときに便利です。

複数のアドレスに同じ文面のメールを作成する

メールの「宛先」にアドレスを列挙すると、そのメールをほかの誰に送ったのかが受信側でわかります。これが適切でない場合は送信先を「BCC」に記述して隠すのが一般的な対処法ですが、受信者のアドレスまで隠れるのが不適切なこともあります。**送信先1つずつに同じ文面のメールを作成するのは大変ですが、マクロを使えば一気に作成することが可能です**。

なお、送信先リストや送る文面にはどうしてもミスが考えられますので、マクロで作成から送信まで一気に行うことはあまりおすすめできません。マクロではメールの作成までにとどめ、最終確認のうえ、手動で送信するほうが無難です。

なお、ここで紹介するマクロはシートモジュールに記述します。

複数の送信先全員分のメールを一気に作成する

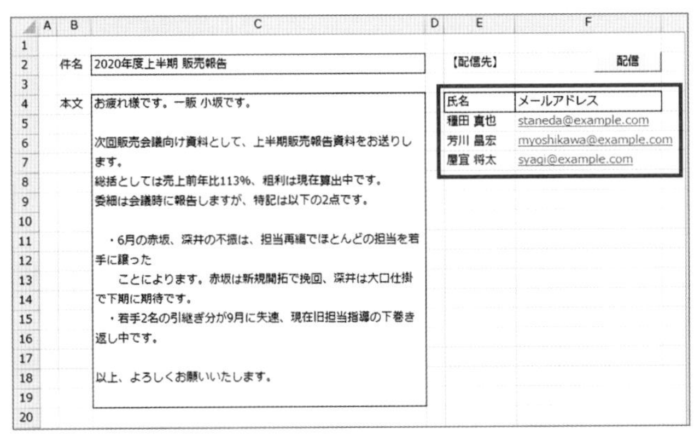

送りたい相手の氏名とメールアドレスをあらかじめ用意しておく

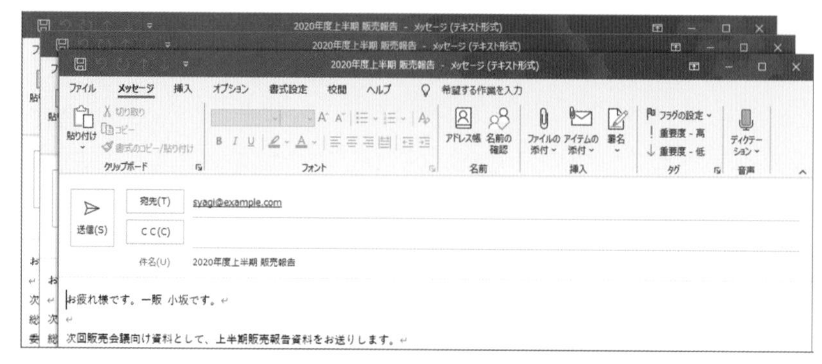

マクロを実行すると、送信先リストのアドレス分のメールがまとめて作成される

5-07-01.xlsm

```
Sub CreateMails1()

   Dim olApp As Outlook.Application  'Outlookオブジェクト格納用
   Dim olMail As Outlook.MailItem    'メールアイテム格納用
   Dim idx As Long  'ループ用カウンター

   'Outlookを起動
   Set olApp = New Outlook.Application

   'メールを連続作成
   For idx = 5 To Me.Range("F4").End(xlDown).Row
     Set olMail = olApp.CreateItem(olMailItem)
     olMail.To = Me.Cells(idx, 6).Value
     olMail.Subject = Me.Range("C2").Value
     olMail.BodyFormat = olFormatPlain
     olMail.Body = Me.Range("C4").Value
     olMail.Display
     Set olMail = Nothing
   Next

   Set olApp = Nothing

End Sub
```

配信先リストの最初の行から最終行までループ(❶)

配信先リストから宛先を格納(❷)

❶ 表の最終行はEndプロパティで取得する

表の最終行は、見出しセルのEndプロパティを、引数に「下方」(xlDown)を指定して実行し、その結果のRowプロパティで取得できます。ただし、必ず1行以上メールアドレスが記述されていることが前提です。1つも記述されていないと、宛先が空のメールが大量に作成されるので、注意してください。

❷ 宛先には配信先リストのメールアドレスを格納する

ループは、配信リストの最初の行(5)から最終行までとしてあります。これは読み出したいメールアドレスの行そのものですので、メール変数のTo(宛先)プロパティには、idx行メールアドレス列の内容をそのまま格納可能です。

応用1 Outlookの連絡先から配信先リストを作成する

前節の5-06-02.xlsmでは[名前の選択]ダイアログで「宛先」に指定したアドレスを「;」(セミコロン)でつないでシートの「宛先」セルに格納しました。1つずつの宛先を配信先リストに格納するよう修正すれば、配信者リストも簡単に作成できるようになります。

[名前の選択]ダイアログから配信先リストを作成する

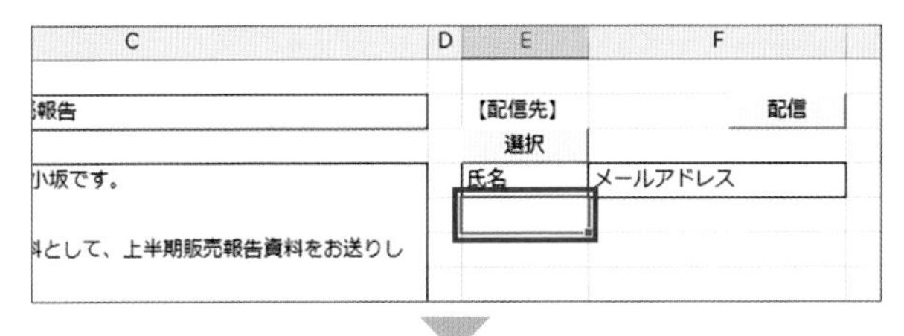

マクロの実行前に、格納開始セルを選択しておく

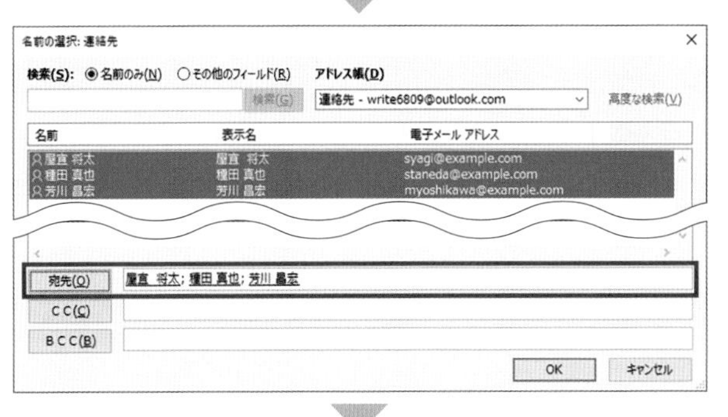

マクロを実行し、[名前の選択]ダイアログから必要な接続先情報を[宛先]欄に選択して[OK]をクリック

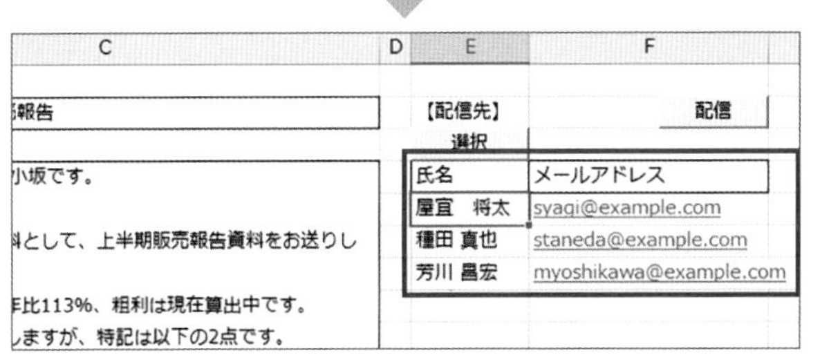

選択セルから下に向かって、選択した連絡先の表題とメールアドレスがまとめて格納される

5-07-02.xlsm

```
Sub SelectAddresses()

  Dim olApp As Outlook.Application  'Outlookオブジェクト格納用
  Dim olNSpc As Outlook.Namespace   'Outlookのメール用機能部格納用
  Dim olAddList As Outlook.AddressList  'アドレスリスト格納用
  Dim olAddDialog As SelectNamesDialog  '連絡先ダイアログ格納用
  Dim idx As Long  'ループ用カウンター
  Dim row As Long  'シートの行番号

  '「名前の選択: 連絡先」ダイアログの生成
  Set olApp = New Outlook.Application
  Set olNSpc = olApp.GetNamespace("MAPI")
  olNSpc.Logon("OUTLOOK", , False)
  Set olAddDialog = olApp.Session.GetSelectNamesDialog

  'ダイアログの呼び出し → 選択アドレスの取得と表示
  If olAddDialog.Display = True Then
    row = Selection.row ――― 現在カーソルのあるセルから格納を開始(❶)
    For idx = 1 To olAddDialog.Recipients.Count
      If olAddDialog.Recipients(idx).Type = OlMailRecipientType.⏎ 1行
      olTo Then
        Me.Cells(row, 5).Value = olAddDialog.Recipients(idx).Name
        Me.Cells(row, 6).Value = olAddDialog.Recipients(idx).Address
        row = row + 1              連絡先情報の「表題」を氏名として格納(❷)
      End If
    Next
  End If

  olNSpc.Logoff
  Set olAddDialog = Nothing
  Set olNSpc = Nothing
  Set olAddList = Nothing
  olApp.Quit: Set olApp = Nothing

End Sub
```

❶ リストへの格納先はアクティブセルの位置から

配信先が多い場合は、ある程度の配信先が入力されている状態で、その下に選択したアドレスを追記したいことも考えられます。そこで、このマクロでは、アクティブセルから連絡先情報を格納するように組んであります。

❷「氏名」には連絡先情報の「表題」を格納している

Recipientオブジェクトでは連絡先情報の「表示名」を取得することができないため、Name（表題）プロパティを代わりに使っています。Recipientオブジェクトのデータを元にContactItemオブジェクトを呼び出せば「表示名」の取得も可能ですが、ここではコードを簡潔にするため割愛しました。

応用2 複数メールの作成から送信までを一気に実行する

5-07-01.xlsmではミスを防ぐために作成までとしましたが、複数のメールを1つずつ送信するのはやはり大変です。また、配信先が多くなるとメールが多くなりすぎ、メモリ不足になってしまう可能性もあります。配信先のデータも送信する文面の内容も十分に確認できているのであれば、送信まで一気に行うようにしたほうが効率的です。

念のため、シートにチェックボックスコントロール「chkSend」を置き、チェックが付けられている場合にのみ送信までを行うように修正してあります。1通ずつ作成から送信までを行いますので、送信先が多くてもメモリ不足にならないというメリットもあります。

配信メールの作成から送信までを一気に行う

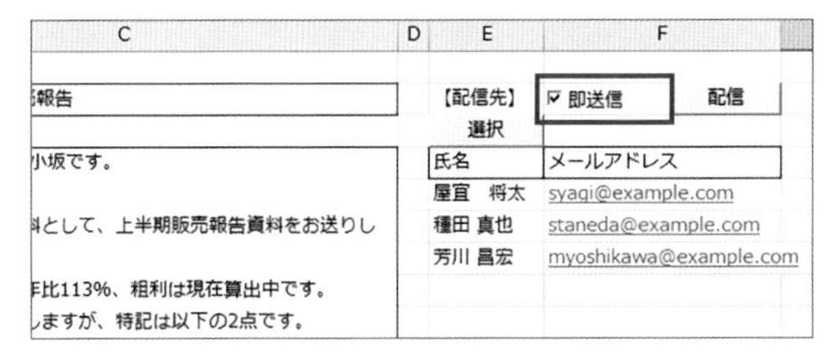

「即配信」チェックボックスにチェックが入っている場合に限り、送信まで自動実行される。チェックがない場合はメールの作成までで停止する

5-07-03.xlsm

```
Sub CreateMails2()

    Dim olApp As Outlook.Application   'Outlookオブジェクト格納用
    Dim olMail As Outlook.MailItem     'メールアイテム格納用
    Dim idx As Long   'ループ用カウンター
```

```
  'Outlookを起動
  Set olApp = New Outlook.Application
  'メールを連続作成
  For idx = 5 To Me.Range("F4").End(xlDown).row
    Set olMail = olApp.CreateItem(olMailItem)
    olMail.To = Me.Cells(idx, 6).Value
    olMail.Subject = Me.Range("C2").Value
    olMail.BodyFormat = olFormatPlain
    olMail.Body = Me.Range("C4").Value
    If chkSend.Value = True Then
      olMail.Send
    Else
      olMail.Display
    End If
    Set olMail = Nothing
  Next

  Set olApp = Nothing

End Sub
```

チェックボックスの状態に応じて表示か送信かを振り分ける（❶）

❶ チェックボックスの状態を参照して動作を振り分ける

「ChkSend」コントロールにチェックが付いていれば（ValueがTrueである）「Send」（送信）メソッド、付いていなければ（ValueがFalseである）「Display」（表示）メソッドを実行します。

なお、ここではフォントサイズをセルのフォントに合わせたい、コントロール名を「ChkSend」に変更したいという2つの理由から［フォームコントロール］ではなく、［ActiveXコントロール］の［チェックボックス］を使用しています。

■チェックボックスをシート上に配置する

［開発］タブ（❶）の［コントロール］グループで［デザインモード］を選択状態にしてから（❷）［挿入］（❸）→［AxctiveXコントロール］の［チェックボックス］をクリックする（❹）

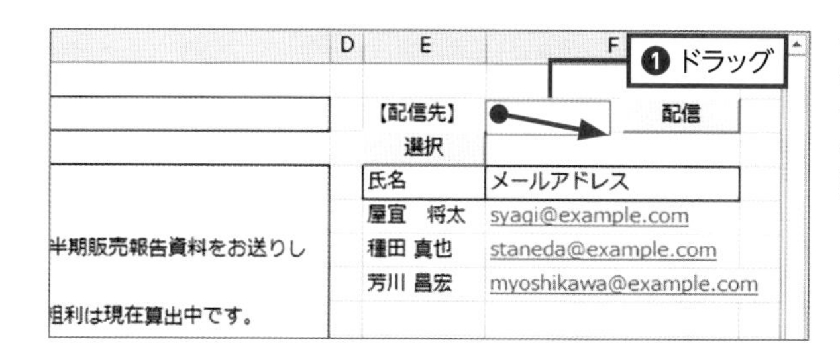

シート上のコントロールを配置したい範囲をドラッグすると(❶)、チェックボックスがシート上に配置される

COLUMN

メールのSendメソッドが正常に動作しない場合は

Windows 10とOutlookのセキュリティは非常に強固に設定されており、インストールしただけのOutlookでは、Sendメソッドを実行しても「送信済アイテム」に格納されるだけで実際には送信されません。これは、マルウェアなどが勝手にメールを送信するのを防ぐためです。

この設定を無効にしてマクロからメールを自動送信するには、レジストリエディタで「HKEY_CURRENT_USER ¥Software¥policies¥microsoft¥office¥XX.X¥outlook¥security」(XX.Xは16.0などのバージョン番号)にDWORDで「PromptOOMSend」を作り、値を「2」にして再起動をかける必要があります。ただしこの設定を行っても動作が不安定になる場合があります。また、Windows 10 Homeではこの方法は使えません。

この設定を行っても正常に自動送信できない場合は、Outlookを起動した状態でマクロを実行する、確認ダイアログが表示された場合は[許可]をクリックするなどを試してみてください。何度か実行しているうちに、正常に自動送信が行えるようになる場合があります。

送信を確認するダイアログ

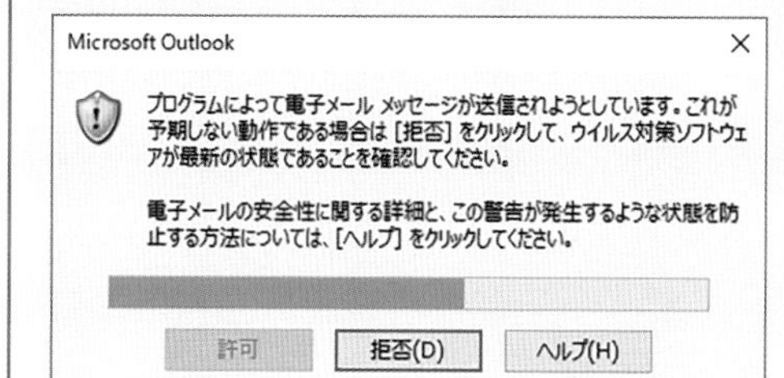

このダイアログが表示された場合は、プログレスバー(緑の帯)が伸びきるのを待ってから[許可]をクリックすることで、メールが送信される

時短 15 分

ブックやシートを手早く メールに添付して送信する

メールにブックやシートを添付するとき、ドラッグ&ドロップではなく、マクロを使えばかなりの効率化が可能です。ここでは、ブックや、ブックの中のシート1つだけを添付する方法を紹介します。

ファイルを添付したメールを作成する

5-06-01.xlsmでは、定型文を元にしたメールを作成するマクロを紹介しました。さらに**添付するブックのパスも用意すれば、ブックを添付したメールを作成することができます**。マクロもほとんど変更不要で、ブックを添付するコードを1行追加するだけです。

チェックボックスをシート上に配置する

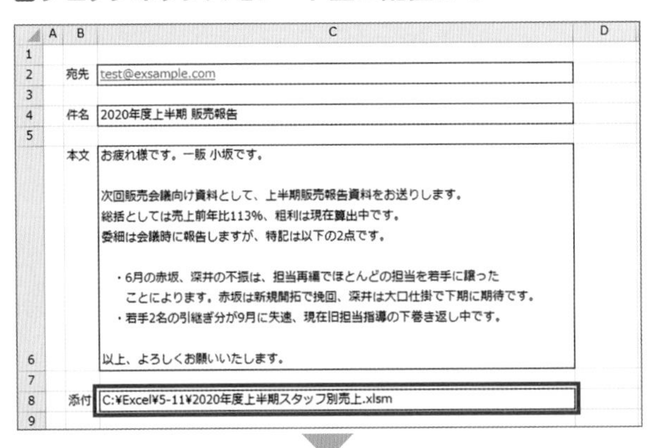

定型文と一緒に、添付したいファイルのフルパスを用意しておく

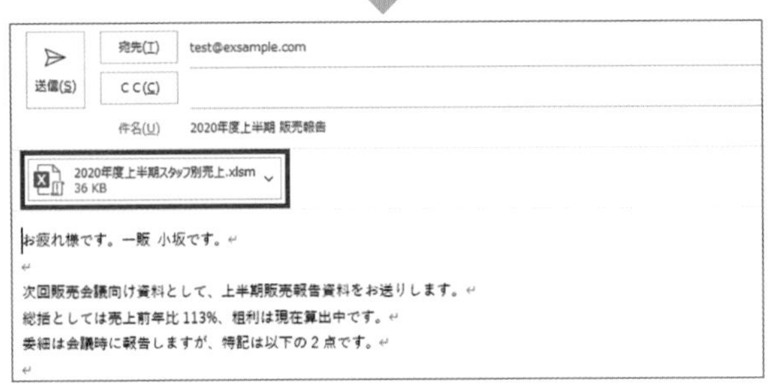

マクロを実行すると、指定したファイルが添付されていることがわかる

5-08-01.xlsm

```
Sub CreateMail2()

   Dim olApp As Outlook.Application   'Outlookオブジェクト格納用
   Dim olMail As Outlook.MailItem     'メールアイテム格納用

   'Outlookに新しいメールアイテムを作成
   Set olApp = New Outlook.Application
   Set olMail = olApp.CreateItem(olMailItem)

   'メールの内容を記述
   olMail.To = Me.Range("C2").Value
   olMail.Subject = Me.Range("C4").Value
   olMail.BodyFormat = olFormatPlain
   olMail.Body = Me.Range("C6").Value
   olMail.Attachments.Add(Me.Range("C8").Value)

   '作成したメールを表示
   olMail.Display

   Set olMail = Nothing
   Set olApp = Nothing

End Sub
```

ファイルのフルパスを引数にアタッチメントを追加する（❶）

❶ 添付データをAttachmentsコレクションに追加する

メールの操作を行うMailItemオブジェクトには、宛名や件名を格納するプロパティのほか、添付データを格納するAttachmentsプロパティも用意されています。Attachmentsプロパティはコレクション（複数のデータを格納できる）であり、データの追加はAddメソッドを使います。Addメソッドは何回でも実行でき、実行するたびに格納されるデータが追加されます。

応用 1つのシートをそのままメールにする

ブック内のシート1つだけを添付するには、通常はそのシートを新しいブックに切り出して保存してから、そのブックを添付する必要があり、二度手間になります。しかし、Excelにはシートをそのままメールとして送信する機能も用意されており、単純にシートを1つ送りたいならこちらの手法のほうが簡単です。いくつか動作に必要な条件もありますが、使いこなせば、かなり重宝できるテクニックです。

1つのシートをそのままメールとして送信する

送信対象とするシート名を用意する

No.	氏名	4	5	6	7	8	9
1	小坂 直樹	641,251	748,979	209,258	993,175	98,752	425,906
2	赤坂 多紀	173,457	499,601	7,480	521,444	952,858	828,748
3	深井 灯	960,607	126,115	9,646	768,113	513,360	545,200
4	雨宮 琉奈	318,303	225,034	170,035	830,937	689,970	972,000
5	井上 貴英	68,328	219,309	807,128	232,908	561,163	528,584
6	堀内 華絵	76,706	740,227	729,457	147,819	79,142	773,967
7	須賀 汐里	114,651	871,703	931,184	897,601	570,468	683,826
8	磯部 光信	174,657	264,453	512,701	687,422	714,904	152,579
9	門脇 沙奈	319,149	831,656	497,229	681,806	862,063	157,253

マクロを実行すると、シートの上部にメールのヘッダが表示され、宛先と件名が格納される。また、Outlookも同時に起動され、「送信トレイ」が表示される

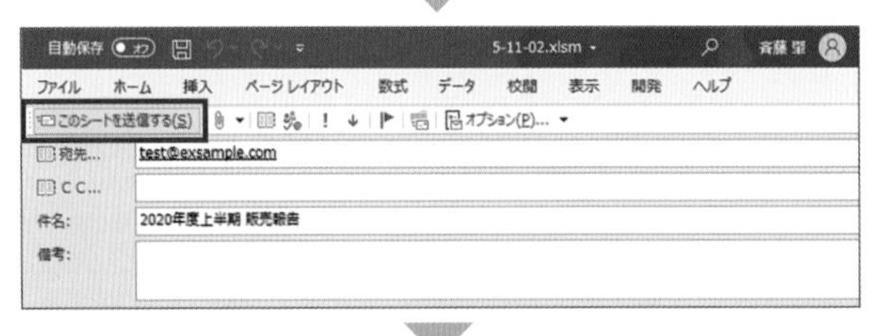

内容や宛先などを確認したら、[このシートを送信する]をクリックする

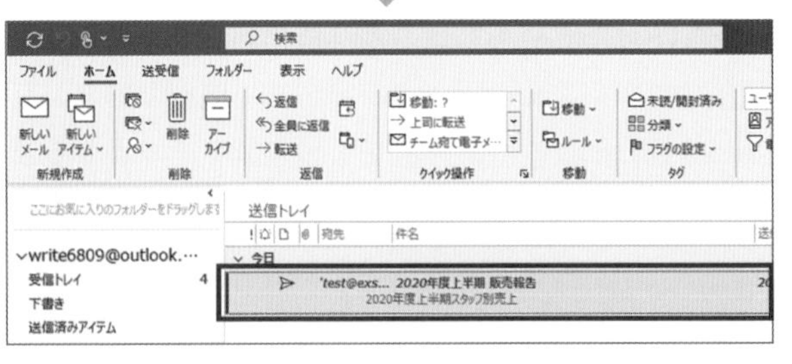

送信したメールはOutlookの「送信トレイ」に格納され、しばらく待つと、送信される

5-08-02.xlsm

```
Sub CreateMailSheet()

  Dim olApp As Outlook.Application    'Outlookオブジェクト格納用
  Dim olFolder As Outlook.Folder      '「送信トレイ」オブジェクト格納用
  Dim olMail As Office.MsoEnvelope    'シートのメール部格納用
  Dim xlSheet As Excel.Worksheet      'ワークシート格納用

  'Excelのメール機能を呼び出し
  Set xlSheet = Worksheets(Me.Range("C8").Value)
  Set olMail = xlSheet.MailEnvelope

  'メールの宛先と件名を記述
  olMail.Item.To = Me.Range("C2").Value
  olMail.Item.Subject = Me.Range("C4").Value

  '作成したメールを表示
  ThisWorkbook.EnvelopeVisible = True
  xlSheet.Activate
  Application.ScreenUpdating = True

  'Outlookの表示
  Set olApp = New Outlook.Application
  Set olFolder = olApp.Session.Folders(1).Folders(3)
  olFolder.Display

  Set olMail = Nothing
  Set olFolder = Nothing
  Set olApp = Nothing

End Sub
```

送信するシートを変数に格納（❶）

シート変数のMailEnvelopeプロパティをメール用の変数に格納（❷）

Excelのメールヘッダ部分を表示させて送信シートをアクティブ化

Outlookの［送信トレイ］を表示（❸）

❶ 送信可能なシートはマクロと同じブック内のみ

ほかのブックを呼び出してメールヘッダを表示させると、宛先や件名へのデータ格納コードが正常に動作しないことがあります。マクロを記述して、シートを送信したいシートのあるブックにコピーして使うと安定した動作となります。

❷ シートのMailEnvelopeプロパティでメールヘッダを作成する

MailEnvelopeは、シートのプロパティとして用意されている、シートをメールとして送信するための補助機能です。メールヘッダのほか、メール送信用のツールバーも含んでいます。MailEnvelope自体はOutlookのMailItemとほぼ同じ使い方で、宛先や件名は同じように格納可能です。メールヘッダを表示するには、ブックのEnvelopeVisibleプロパティをTrueに設定します。

❸ メールの送信はOutlookの機能を利用する

Excelのシートをメールとして送信する機能は、実際にはメールデータを作成してOutlookに受け渡すという動作になります。データを受け取ったOutlookは自動的に送信動作を行いますが、「起動」され「表示」されているのが送信動作を行う条件です。このマクロではOutlookを起動したあと、「Folders(1)」（メール機能）の「Folders(3)」（送信トレイ）を指定して表示するコードを追加しています。

5 / 09

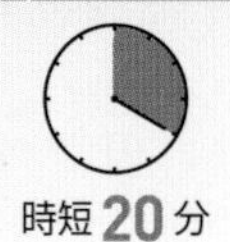

巨大なテキストファイルの一部を取り出す

テキストファイルやCSVファイルから一部の行だけを切り出したいとき、Wordやメモ帳を使った手作業では時間がかかって、ミスも発生しやすくなります。マクロを使って、手早くやってみましょう。

行を指定してテキストを切り出す

Wordやメモ帳などで巨大なテキストファイルを読み込むと、スクロールするだけで大変な時間がかかってしまいます。もし必要な部分の行番号がわかっていれば、Excelのマクロを使うことで、かなり短時間で処理できます。

テキストファイルの読み書きの機能はVBAでも標準で用意されていますが、5-02でも使った拡張機能「Microsoft Scripting Runtime」のほうが使いやすく、高速です。**読み込み用にオープンしたファイルから指定した行のデータだけを読み出し、書き出し用にオープンしたファイルへ格納する手順を紹介します**。

指定した行のテキストだけを新しいファイルに書き込む

	A	B	C	D	E	F	G	H	I	J	K
1											
2		読込パス	C:¥Excel¥5-12¥wagahaiwa_nekodearu.txt								
3		書出パス	C:¥Excel¥5-12¥行数指定切出.txt								
4											
5		42	行目から	45	行目までを抽出						
6											

読み出すファイルのパスと、読み出す行の範囲を用意しておく

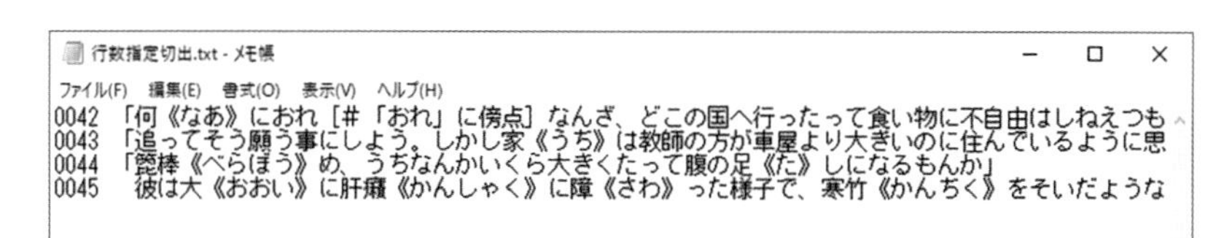

マクロを実行すると、新しいファイルに指定した行のテキストだけが格納される

5-09-01.xlsm

```
Sub GetTextLine1()

  Dim fso As Scripting.FileSystemObject   'FSOオブジェクト格納用
  Dim inFile As Scripting.TextStream      'FSOファイル内容バッファ(読み込み用)
  Dim OutFile As Scripting.TextStream     'FSOファイル内容バッファ(書き出し用)
  Dim idx As Long  'ループ用

  'FileSystemObjectを使ってテキストファイルをオープン
  Set fso = New Scripting.FileSystemObject
  Set inFile = fso.OpenTextFile(Me.Range("C2").Value, ForReading)
  Set OutFile = fso.CreateTextFile(Me.Range("C3").Value)
                                    読み込み用と書き出し用の
  '開始行まで読み飛ばす              ファイルをそれぞれ開く(❶)
  For idx = 1 To Me.Range("B5").Value - 1
    inFile.SkipLine ─── 読み込み開始行の前行までは読み込まずにスキップ(❷)
  Next

  '終了行まで読み込んでファイルに書き出し
  For idx = Me.Range("B5").Value To Me.Range("D5").Value
    OutFile.WriteLine(Format(idx, "0000 ") & inFile.ReadLine)
  Next                                読み込んだ行に行番号を付けて
                                      書き出し用ファイルに書き込む(❸)

  OutFile.Close: Set OutFile = Nothing
  inFile.Close: Set inFile = Nothing
  Set fso = Nothing

End Sub
```

❶ 読み込み用ファイルを開き、書き出し用ファイルを作成する

読み込み用のファイルを開くには、FileSystemObjectオブジェクトのOpenTextFileメソッドを使います。読み込むためにオープンする場合は2つ目の引数を「ForReading」で指定します。書き足すなら「ForAppending」、書き直すなら「ForWriting」です。存在していないファイルを新しく作成する場合はCreateTextFileメソッドを使います。ここでは、書き出し用のファイルを新規作成していますが、もし追記するなら「OutFile = fso.OpenTextFile(Me.Range("C3").Value)」とし、セルC3に既存のファイル名を記述します。

❷ SkipLineは行単位で読み飛ばす

TextStreamオブジェクトのSkipLineメソッドは、1行読み飛ばします。必要のない行を無視して読み込みを進められます。

❸ WriteLineで1行書き出す

必要な行を読み込んで、書き出し用のファイルにWriteLineメソッドで書き出します。行としての書き出しなので、自動的に行末に改行文字が追加されます。

「Microsoft Scripting Runtime」の参照設定を忘れずに

このマクロで利用している拡張機能は「Microsoft Scripting Runtime」です。この設定を忘れると実行時にエラーになりますので、忘れずに設定しておきましょう。設定方法はP.188を参照してください。

応用1 指定文字列が含まれるテキストを切り出す

特定の単語や文字列が含まれている行だけを探し出すとき、メモ帳などで1つずつ検索するよりも、マクロで一気に切り出したほうが効率的です。対象の文字列がどこに含まれているかは予測できないので、テキストファイルをすべて読み込むことになりますが、1MBあたり数秒での処理が可能です。

指定した文字列が含まれるテキストだけを新しいファイルに書き込む

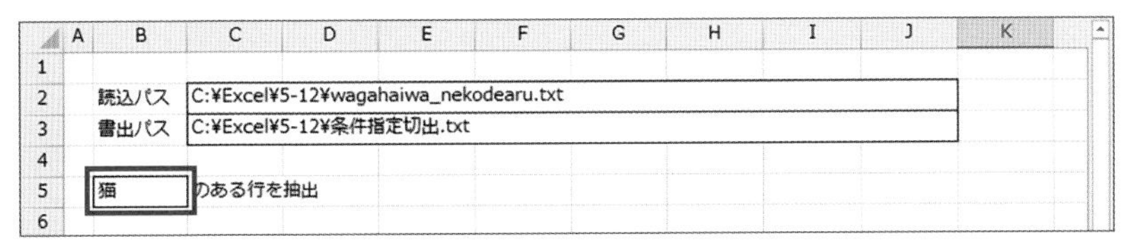

読み出すファイルのパスと、読み出す条件となる文字列を用意しておく

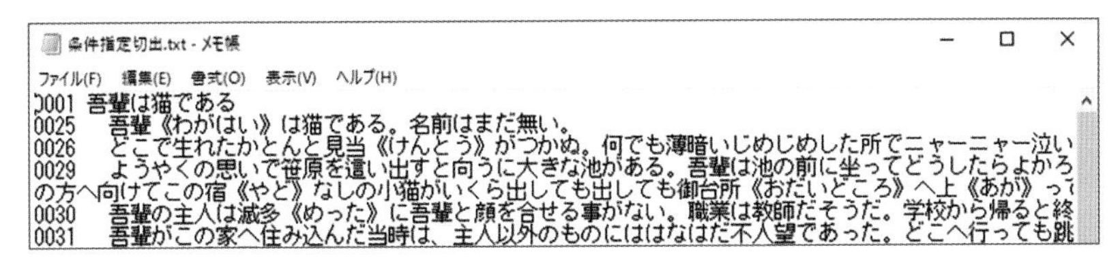

マクロを実行すると、新しいファイルに指定した文字列を含むテキストだけが格納される

5-09-02.xlsm

```
Sub GetTextLine2()

  Dim fso As Scripting.FileSystemObject  'FSOオブジェクト格納用
  Dim inFile As Scripting.TextStream     'FSOファイル内容バッファ(読み込み用)
  Dim outFile As Scripting.TextStream    'FSOファイル内容バッファ(書き出し用)
  Dim cnt As Long  '読み込みファイル行カウンター
  Dim bfLine As String  '読み込みファイル行バッファ

  'FileSystemObjectを使ってテキストファイルをオープン
  Set fso = New Scripting.FileSystemObject
  Set inFile = fso.OpenTextFile(Me.Range("C2").Value, ForReading)
  Set outFile = fso.CreateTextFile(Me.Range("C3").Value)

  'キーワードが含まれる行をシートに格納
  cnt = 1
  While inFile.AtEndOfStream = False    ← 読み出すファイルの最終行までループ(❶)
    bfLine = inFile.ReadLine
    If InStr(bfLine, Me.Range("B5").Value) > 0 Then
      outFile.WriteLine(Format(cnt, "0000 ") & bfLine)    ← 指定文字列が含まれているかはInStr関数で判定(❷)
    End If
    cnt = cnt + 1
  Wend

  outFile.Close: Set outFile = Nothing
  inFile.Close: Set inFile = Nothing
  Set fso = Nothing

End Sub
```

❶ AtEndOfStreamプロパティですべての行を読み込んだかを判定する

読み出し用としてオープンしたTextStreamオブジェクトのReadLineメソッドは、実行するたびに、最初の行から1行ずつ読み出します。AtEndOfStreamは最後の行まで読み込み終わったかを判定するプロパティで、まだ次の行がある間はFalse、ReadLineメソッドが最後の行を読み出したときにTrueになります。

❷ InStr関数で指定文字列の存在を判定する

InStrは1つ目の引数の文字列のどこに、2つ目の引数の文字列があるかを調べる関数です。2つ目の引数の文字列がある場合は行内の何文字目にあるかを返し、ない場合は0を返します。つまり、「>0」で存在の有無をチェックできます。

5／10

時短40分

PDFからデータを抜き出してブックにまとめる

ビジネスではPDF形式の文書がよく利用されていますが、PDFに記載されているデータをExcelのシートに転記したいときもあるでしょう。この作業は大変面倒なので、マクロで自動化してみましょう。

Acrobat DCに含まれるライブラリを使用する

PDFはもともと印刷用のファイル形式なので、PDFからデータを取り出して利用することは想定されていません。そのため、使いやすい形でPDFからデータを抜き出すことは難しいといえます。PDFのデータを再利用したいときは、PDFに変換される前のファイルを入手すべきです。

とはいえ、実際にはPDFしか入手できないケースも少なくありません。そこで、**PDFからマクロでデータを取り出してみましょう**。ただし、あまり複雑な構造だと難しいので、ここでは取得したデータが「まずすべての見出し、次に行ごとのデータが左から右に1マス分ずつ並んでいる」と想定しています。PDFからテキストデータを取り出せれば、あとはExcelのシートに貼り付けるだけです。

なお、ここで紹介するマクロでは、有償版のAcrobat DCに含まれているライブラリを利用します。無償版のAcrobat Reader DCだけでは動作しません。有償版は使えない環境で動作を確認したい場合は、無料体験版をインストールして試してみてください。

必要なライブラリを参照設定する

ここで紹介するマクロでは、指定したフォルダーの中にあるPDFファイル名を抽出する「Scripting Runtime」と、Acrobatを制御する「Adobe Acrobat 10.0 Type Library」（「10.0」はバージョンによって変わる）の2つのライブラリを使用しています。マクロの実行前に、これらのライブラリを参照設定しておきます。

2つのライブラリを参照設定する

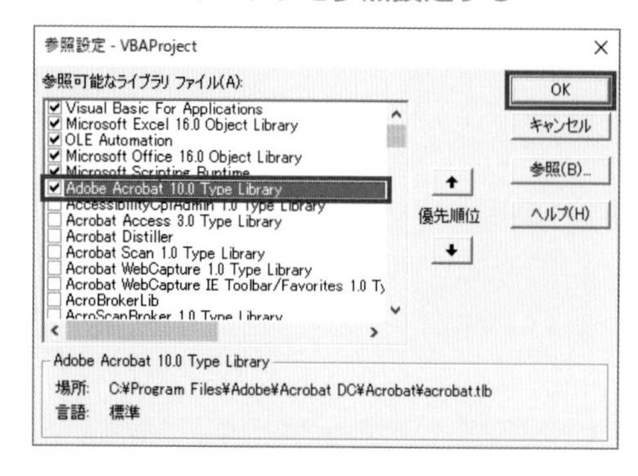

P.188を参照して[参照設定]ダイアログを表示し、[Microsoft Scripting Runtime]と[Acrobat]にチェックを付けて[OK]をクリック。再度、[参照設定]ダイアログを表示して[Adobe Acrobat 10.0 Type Library]にチェックを付けて[OK]をクリックする

5-10-01.xlsm

```
Sub GetPDFText()

  Const FILE_NAME = "¥5-10.pdf"

  Dim acFile As Acrobat.AcroAVDoc
  Dim acDoc As Acrobat.AcroPDDoc
  Dim acPage As Acrobat.AcroPDPage
  Dim acHiLite As Acrobat.AcroHiliteList
  Dim acSelection As Acrobat.AcroPDTextSelect
  Dim idx As Long
  Dim row As Long
  Dim strBf As String
  Dim strBfs() As String

  'AcrobatでPDFファイルを読み込む
  Set acFile = New Acrobat.AcroAVDoc
  acFile.Open ThisWorkbook.Path & FILE_NAME, ""
  Set acDoc = acFile.GetPDDoc()

  '読み込んだPDFからテキストを抽出
  Set acPage = acDoc.AcquirePage(0)
  Set acHiLite = New Acrobat.AcroHiliteList
  acHiLite.Add 0, 10000
  Set acSelection = acPage.CreatePageHilite(acHiLite)
  For idx = 0 To acSelection.GetNumText - 1
    strBf = strBf & acSelection.GetText(idx)
  Next

  acDoc.Close
```

取得したPDFの1ページ目を指定(❶)

1万オブジェクトを選択(❷)

オブジェクト内のテキストを1つずつ読み出す

```
    acFile.Close (1)
    Set acFile = Nothing

    '抽出したテキストから必要な部分をシートに格納
    strBfs = Split(strBf, vbCrLf)
    idx = 0
    Do While strBfs(idx) <> "住所"
      idx = idx + 1
    Loop
    row = 5
    Do While idx < UBound(strBfs)
      idx = idx + 1: Me.Cells(row, 2).Value = strBfs(idx)
      idx = idx + 1: Me.Cells(row, 3).Value = strBfs(idx)
      idx = idx + 1: Me.Cells(row, 4).Value = strBfs(idx)
      idx = idx + 1: Me.Cells(row, 5).Value = strBfs(idx)
      idx = idx + 1: Me.Cells(row, 6).Value = strBfs(idx)
      idx = idx + 1: Me.Cells(row, 7).Value = strBfs(idx)
      idx = idx + 1: Me.Cells(row, 8).Value = strBfs(idx)
      row = row + 1
    Loop

    '罫線・書式設定の複写
    Me.Rows("4:4").Copy
    For idx = 5 To row - 1
      Me.Rows(CStr(idx) & ":" & CStr(idx)).PasteSpecial(xlPasteFormats)
    Next
    Me.Rows("4:4").Delete
    Me.Range("A1").Select

End Sub
```

見出しデータの最後まで読み飛ばす

1行ずつデータをシートに格納

❶ PDFの表示内容は「コンテンツ」として散在する

PDFに表示されているテキストや画像などのパーツは「コンテンツ」と呼びます。読み込みたいPDFをAcrobat DCで読み込み、[表示]メニュー→[表示切り替え]→[ナビゲーションパネル]→[コンテンツ]を選択すると、ウィンドウ左側に[コンテンツ]パネルが表示されます。そこで、埋め込まれているコンテンツがツリー状になっているのがわかります。

5-10-01.xlsmでは、指定したページに存在する通し番号0から10000までのコンテンツを選択し、この中に含まれているテキストデータを[コンテンツ]パネルの上から順番に読み出しています。

Acrobat DCでコンテンツの並び順を確認する

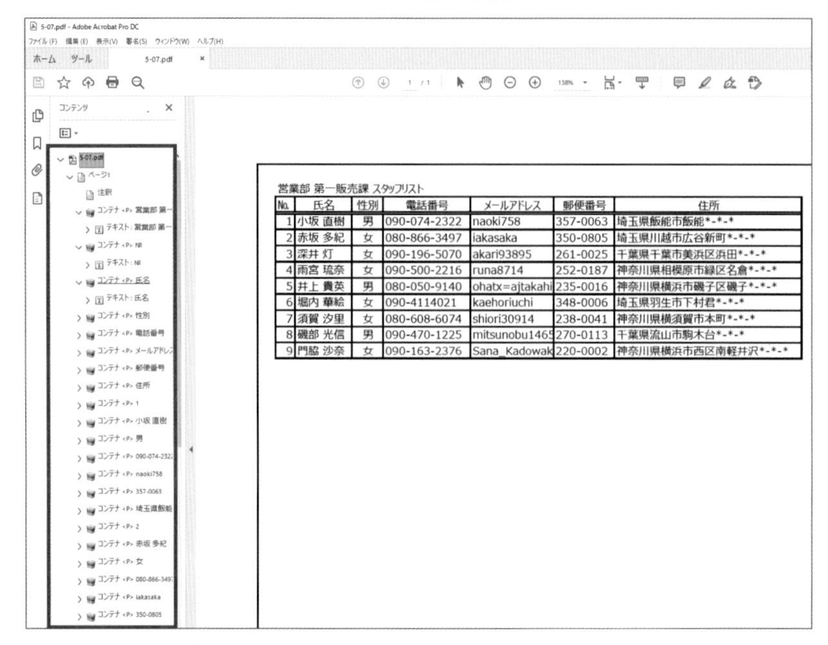

営業部 第一販売課 スタッフリスト

№.	氏名	性別	電話番号	メールアドレス	郵便番号	住所
1	小坂 直樹	男	090-074-2322	naoki758	357-0063	埼玉県飯能市飯能*-*-*
2	赤坂 多紀	女	080-866-3497	iakasaka	350-0805	埼玉県川越市広谷新町*-*-*
3	深井 灯	女	090-196-5070	akari93895	261-0025	千葉県千葉市美浜区浜田*-*-*
4	雨宮 琉奈	女	090-500-2216	runa8714	252-0187	神奈川県相模原市緑区名倉*-*-*
5	井上 貴英	男	080-050-9140	ohatx=ajtakahi	235-0016	神奈川県横浜市磯子区磯子*-*-*
6	堀内 華絵	女	090-4114021	kaehoriuchi	348-0006	埼玉県羽生市下村君*-*-*
7	須賀 汐里	女	080-608-6074	shiori30914	238-0041	神奈川県横須賀市本町*-*-*
8	磯部 光信	男	090-470-1225	mitsunobu1465	270-0113	千葉県流山市駒木台*-*-*
9	門脇 沙奈	女	090-163-2376	Sana_Kadowak	220-0002	神奈川県横浜市西区南軽井沢*-*-*

読み込んだテキストが規則正しく並んでいるかは、このコンテンツの順番が重要だ。PDFを作成したアプリによっては、読み出しが難しい順番になっているものもある

❷ テキストの並びの規則性を分析する

ここで取り上げたPDFでは、データが行ごとに規則正しく並んでいるので、最初にある見出しのテキストを読み飛ばしています。もっとも右の見出しは「住所」なので、「住所」というテキストまで読み飛ばし、そのあとに続く7つのテキストがデータの横1行分だと考えています。

このように、読み込んだテキストのどれを取り出すかは重要です。ここで紹介したマクロで別のPDFを読み込みたいときは、まず対象となるPDFのコンテンツの規則性を分析すべきでしょう。

POINT

ここではExcelで作成したPDFを例として取り上げていますが、実際にはExcelやWordから書き出したPDFなら、Acrobat DCのPDF書き出し機能を使うほうが簡単なケースが少なくありません。実務では、まずそちらを試してみるべきでしょう。

おわりに

Excel仕事の時短には、いろいろな方法があります。本書ではマクロについて取り上げました。マクロの使用には、序文で挙げたように、いくつかの無視できないデメリットがあります。さらに、プログラミング初心者にとっては、そもそも実務で使えるレベルのマクロ開発にかかる労力は並大抵ではありません。

しかし、それでもなお、マクロはExcel仕事の時短にとって非常に有効です。実用に耐えるマクロが作れれば、同じ操作の反復や、条件によって異なる操作の実行といった作業にかかる時間を大幅に短縮できます。また、Excelのマクロはプログラミング言語VBAによって書かれているため自由度が高く、マクロ以外では実現不可能な時短方法を実際に実行できます。

本書では、グラフやピボットテーブルでの操作を簡単にするためのマクロは取り上げていません。また、ユーザーフォームを組み込んだマクロについても割愛しました。グラフやピボットテーブル、ユーザーフォームを使えば、データの加工などがさらに手軽になります。特にユーザーフォームは、マクロに慣れていない人にもマクロを使ってもらうためには大変便利な仕組みなので、必要に応じて勉強してみるといいでしょう。

そのほか、外部ライブラリと連携することで、Excel以外のアプリやWindowsの機能を使ってデータを取得したり、加工・送信したりも可能です。一部は本書でも紹介しましたが、本書で触れなかったAccessとの連携は役立つシーンが少なくないでしょう。簡単にしか触れられなかったスクレイピングについても同じです。ひととおり、使いたいマクロを作れるようになれば、ぜひそちらにも手を伸ばしてみてください。Excelがいかに実務に応用しやすく、優れたツールであるかがわかるはずです。

2021年2月　著者

著者プロフィール

守屋 恵一（もりや けいいち）

岡山県出身。テクニカルライター。塾講師を経て、パソコンやネット関係の雑誌記事執筆をきっかけに出版に関わるようになる。これまでパソコン・スマホ・ネット関係だけで300冊近いムックや書籍を構成・編集・執筆し、関わった本の総ページ数は数万に及ぶ。裏方として50冊を超えるパソコン活用本を構成・執筆する中で、メールなどITツールによる業務の最適化に目覚め、オフィス環境改善に励む日々を送る。

技術監修プロフィール

立山 秀利（たてやま ひでとし）

フリーランスのITライター。1970年生。筑波大学卒業後、株式会社デンソーでカーナビゲーションのソフトウェア開発に携わる。退社後、Webプロデュース業務を経て、フリーライターとして独立。現在はシステムやネットワーク、Microsoft Officeを中心に執筆中。主な著書として『入門者のExcel VBA』（講談社ブルーバックス）、『Excel VBAのプログラミングのツボとコツがゼッタイにわかる本』（秀和システム）、『実務で使えるExcel VBAプログラミング作法』（技術評論社）がある。

●**コード協力**
関克美（第4章）／今村丈史（第3章の一部、第5章）

●**本書サポートページ**
https://gihyo.jp/book/2021/978-4-297-11635-4
本書記載の情報の修正／補足については、当該Webページで行います。

●**装丁デザイン**　小口翔平＋三沢稜（tobufune）
●**本文デザイン・DTP**　技術評論社　制作業務課
●**編集**　クライス・ネッツ

■**お問い合わせについて**
本書に関するご質問は記載内容についてのみとさせていただきます。本書の内容以外のご質問には一切応じられませんので、あらかじめご了承ください。なお、お電話でのご質問は受け付けておりませんので、書面またはFAX、弊社Webサイトのお問い合わせフォームをご利用ください。
〒162-0846
東京都新宿区市谷左内町21-13
株式会社技術評論社
『Excel自動化［最強］時短仕事術』係
FAX：03-3513-6173
URL：https://gihyo.jp
ご質問の際に記載いただいた個人情報は回答以外の目的に使用することはありません。使用後は速やかに個人情報を廃棄します。

Excel自動化［最強］時短仕事術
マクロ/VBAの基本&業務効率化の即効サンプル

2021年3月11日　初版　第1刷発行

著　者　守屋 恵一
発行者　片岡 巌
発行所　株式会社技術評論社
東京都新宿区市谷左内町21-13
TEL：03-3513-6150　販売促進部
TEL：03-3513-6177　雑誌編集部
印刷／製本　日経印刷株式会社

ISBN978-4-297-11635-4 C3055
Printed in Japan